百日出栏养猪新法

席克奇　尹敬伟　薛书民　李　哲　编著

科学技术文献出版社
SCIENTIFIC AND TECHNICAL DOCUMENTATION PRESS
·北京·

图书在版编目（CIP）数据

百日出栏养猪新法/席克奇等编著．—北京：科学技术文献出版社，2015.6

ISBN 978-7-5189-0040-4

Ⅰ.①百… Ⅱ.①席… Ⅲ.①养猪学 Ⅳ.①S828

中国版本图书馆 CIP 数据核字（2015）第 091052 号

百日出栏养猪新法

策划编辑:周国臻　责任编辑:周国臻　崔灵菲　责任校对:赵　瑗　责任出版:张志平

出 版 者　科学技术文献出版社
地　　址　北京市复兴路 15 号　邮编　100038
编 务 部　（010）58882938，58882087（传真）
发 行 部　（010）58882868，58882874（传真）
邮 购 部　（010）58882873
官方网址　www. stdp. com. cn
发 行 者　科学技术文献出版社发行　全国各地新华书店经销
印 刷 者　北京金其乐彩色印刷有限公司
版　　次　2015 年 6 月第 1 版　2015 年 6 月第 1 次印刷
开　　本　850×1168　1/32
字　　数　213 千
印　　张　8. 875
书　　号　ISBN 978-7-5189-0040-4
定　　价　19. 80 元

前　　言

生猪生产是农民致富门路之一。目前生产正面临饲料涨价、生产成本提高、经济效益下降等问题。如何提高养猪的经济效益，在生猪市场上转败为胜，成为众多养猪户面临的一大难题。仔细分析，对养猪户经济效益的影响无非包括两个方面的因素：市场上生猪的价格和猪的饲养成本。市场上的生猪价格是由市场决定的，养猪户除了及时捕捉市场信息，做好计划、预测外，其他基本上无能为力，因此，降低饲养成本基本上是市场经济条件下提高养猪经济效益的唯一途径。那么养猪户如何降低饲养成本，这是笔者多年来的苦苦追求，也是本书写作的主要目的。综合几年来生产实践，总结归纳为如下几点。

一、重视品种改良，坚持自繁自养

养猪生产者必须利用产肉性能好的猪种。一般优良品种均具有产仔多、日增重快、饲料报酬高、屠体重、瘦肉率高等特点，如长白猪、大约克夏猪、杜洛克猪，初产窝仔为 11～13 头，而一般土猪不具备这些特点，且生长慢，饲料转化率低。就目前市场而言，改良猪价格比未改良猪价格高 0.6～1 元/千克，如果按 90 千克出栏，一头改良猪比未改良猪多获利 50～80 元，因此，品种的好坏直接影响养猪户的经济效益。

仔猪费用一般占养猪总费用支出的 25%～30%。为降低仔猪费用支出，养猪户最好自繁自养杂交仔猪，这样可降低仔猪费用 30%～40%。自繁自养的优势还表现在：(1)效益互补，即无论仔猪行情如何变化，自繁仔猪都能按其固有价值转移到商品中，取得较为稳定的规模效益；(2)防止疫病，可以避免因仔猪来源不同所造成的疫病传染。

二、提高饲料转化率，充分利用周围廉价饲料资源

饲料的费用占整个养猪成本的70%以上。饲料转化率的高低直接影响猪的饲养成本，若饲料转化率由3.5∶1降到3.2∶1，则一头猪可节省饲料18千克。因此，合理利用饲料配方中的原料成为降低生产成本的又一因素。同样原料、不同的配方饲料转化率也不一样。同样，相同的配方来自不同产地的原料，饲料转化率也不同。只有采用最新科学方法配制的全价饲料和生产性能最佳的杂种猪，才能提高饲料的利用率和转化率，从而降低生产成本，增加养猪户的经济效益。充分利用周围的廉价饲料资源，是降低饲养成本的主要措施之一。据调查，能作为饲料的树叶有松树叶、桉树叶、槐树叶、大叶速生槐、大叶杨、山楂树叶，杨树花、槐树花也可以作为饲料。如桉树，全国各地都有分布，每个农户栽种2亩桉树，2～3年成林后可采桉树叶经发酵加工制作饲料养肥30头猪，纯收入少说也有1万元。利用"五坊"槽渣喂猪，可节省精料38.9%，节约精料成本36.4%，每头猪平均增加经济效益19.73元(据22户养猪户、2381头肉猪统计)。如果养猪户自己配饲料，每千克饲料比外购节省0.2～0.25元，平均每头猪节省饲料费20元左右。要坚持定时定量饲喂，日喂4次，每隔4小时喂1次。采用生料拌湿喂，日喂料水比1∶1，让50千克以下的猪自由采食，吃饱吃好，50千克以上的猪，日喂九分饱，这样不仅每头猪可节省一些饲料，而且可提高瘦肉率2%～3%。

三、加强综合防治，杜绝传染病发生，保证猪的健康生长

猪的生长快慢、饲料利用率的高低，不仅与猪的品种、饲料有

关，而且与猪的健康状况有着密切关系。如果猪场经常有慢性传染病的困扰，特别是喘气病、传染性胸膜炎等，猪能吃不长，而且延期出栏，增加饲养日和饲料消耗，造成饲养成本上升。很显然，如果猪场暴发传染病，猪大批量死亡，造成饲养成本上升，往往会使经营者陷入困境。因此，必须加强防疫消毒措施，严格贯彻执行免疫程序，保持猪舍干净卫生，及时消除有害气体，保证猪的健康生长，从而提高经济效益。

药费支出主要用于预防（猪瘟、猪蓝耳病、猪丹毒、猪肺疫、仔猪副伤寒等）及消毒用药。据10个养猪户调查，正常药费支出平均每头猪6元左右，最低的为3元，仅为养1头猪总支出的2%～3%，减少防治成本要坚持无病早防、有病早治，定时打预防针，并注意猪舍的环境卫生。建水泥地面，定期消毒，每天冲洗粪便，猪舍保持冬暖夏凉，同时经常观察猪的动态，且发现疾病及时治疗。

四、加强管理，合理安排生产环节，缩短饲养期

养猪生产者，既要懂经济又要懂技术。只有这样，生产经营者才能利用有限的资金去做更多的事。养猪经营者必须有分析市场的能力，结合猪场的实际情况，制订适合本场的生产计划，使生产和销售相结合，最终取得良好的经济效益。

一般规模养猪100～150头，1头存栏占200元流动资金，以30元社会平均得益计算，一年饲养两批（6个月的肥育期），单位资金可得益60元，如果一年上市三批（肥育期为4个月），则可得益90元。为了缩短流动资金占用时间，减少利息支出，可采取两种办法：一是提高出栏次数；二是减少饲料储量，尽量减少因贮存饲料而积压资金。

《百日出栏养猪法》为梁忠纪老先生原著，现笔者对本书进行修订。根据目前生产技术需求，在原书基础上拾遗补阙，进行完善。在这里，谨对梁忠纪老先生致以崇高的敬意。

本书在修订过程中，曾参考一些专家、学者撰写的文献资料，在此向原作者表示谢意。

这次修订，笔者虽然做了很大努力，但因笔者掌握的理论和技术水平有限，书中可能会出现一些疏漏与不妥，敬请广大读者批评指正。

编　者

目　录

一、百日出栏养猪法的优点及应用实例

(一)百日出栏养猪法的优点

所谓百日出栏养猪法，就是对体重17～22千克的断奶仔猪采用科学方法饲养100天左右，使体重达到90～100千克而出栏的快速育肥技术。

在我国城乡肉食品市场需求量日趋增长的形势下，如何应用现代科学技术，提高猪的增重速度，缩短饲养周期，降低饲料消耗，增加经济收益，已成为当前养猪业亟待解决的重要课题。“百日出栏养猪法”的研究与推广，旨在试图为攻克这一课题迈出创新的一步。

总结多年来的试验、示范和推广结果，同传统的养猪方式相比，“百日出栏养猪法”有下列优点。

(1)生猪增重速度快　从断奶到出栏，生猪在饲养期内平均日增重为0.73～0.88千克。据广西壮族自治区有关部门对有代表性的63户养猪户抽样调查，生猪平均日增重超过0.5千克，其中61户(占96%的生猪)平均日增重0.8千克，有57户(占90%的生猪)超过0.9千克，有44户(占69%的生猪)超过1.05千克，有6户(占9%的生猪)超过1.5千克。

(2)饲养周期短　传统旧法养猪，17～22千克的断奶仔猪一般饲养240～300天才能达到国家规定的出栏标准(90～110千克)，采用本法饲养100天左右，断奶仔猪就可达到上述标准，饲养周期比旧法短59%～67%。旧法一年只能养1批猪，本法一年可养3批。

(3)经济效益高　养猪户学会“百日出栏养猪法”并掌握饲料配方计算方法后，便可根据当地饲料资源为猪配制经济实惠的饲粮，取得增重快、出栏早、饲料报酬高的预期效果，一般每头猪可赢利100～150元。这对于扭转当前农户养猪业普遍收入微薄甚至亏损的局面有重要意义。

(4)技术易掌握　“百日出栏养猪法”重点明确，特点鲜明，技术易懂，一般农户稍经培训或自学几天便可掌握使用。广西象州县百丈乡敖抱村66岁的妇女周某，参加面授班学习几天，回家便自己动手配制饲料，采用本法试喂2头仔猪，饲养68天个体重就达80千克，平均日增重0.83千克，收到了预期效果。

(5)僵猪也适用　养猪户最头痛的僵猪，采用本法也能在短期治愈并实现快速增重。掌握了其中技术诀窍之后，便可到市场专门购进价廉的僵猪，采用本法加以饲养，往往可收到本小利大的功效。广州部队驻广西防城区某团，有11头饲养了1年多个体重仅32千克左右的僵猪，头头浑身是疥癣，其中5头还患有喘气病。采用科学方法饲养9天后，这11头僵猪由合计始重361千克增至507千克，平均每头日增重1.47千克，僵猪症状霍然消失，实现了快速育肥。

(二)百日出栏养猪法应用实例

广西都安瑶族自治县保安乡巴占村上力屯韦某：于1986年6月1日购进仔猪9头，平均每头重20千克，到9月25日全部出栏，平均每头猪重110千克。这115天内，平均每日增重0.78千克；扣除仔猪费、饲料开支，平均每头猪赢利106元。

广西宁明县公安局黄某：于1985年5月15日购进2头瘦肉型仔猪，平均个体重22千克。9月3日均出栏，每头猪重111千克。这 107 天，平均每头猪日增重 0.83 千克。按每千克 2.9 元出售，扣除仔猪费、饲料开支，平均每头猪赢利 129 元。

广西宁明县罗某：于 1985 年 4 月 25 日购买 4 头瘦肉型仔猪，平均每头重 27 千克。到 8 月 15 日全部出栏，平均每头重 105 千克。这 115 天内，平均每头日增重 0.67 千克。按每千克 3 元上市，扣除仔猪费、饲料开支，平均每头猪赢利 134 元。

湖南省东安县水岭脚村 2 组何某：采用“百日出栏养猪法”对 6 头平均重 31 千克的猪育肥，1987 年 10 月 7 日开始，12 月 31 日出栏，平均每头重 114 千克。这 84 天内，平均每头日增重 0.98 千克，每头获纯收入 94 元。

湖南省宜章县黄沙乡沙坪村李某：按“百日出栏养猪法”试养 4 头平均重 45 千克的猪，尽管有些饲料不全，但 60 天个体重仍达 111 千克，平均每头日增重 1.1 千克，每头赢利 54 元。

广东省阳江市那甲乡旧屋园村钟某：饲养 4 头猪，于 3 月 15 日开始育肥，平均个体重 34 千克，5 月 12 日全部出栏，平均每头重 117 千克。这 58 天内，平均每头猪日增重 1.43 千克。按每千克活重 2.3 元售出，平均每头赢利 67 元。

贵州省荔波县方村乡尧并小学莫某：饲养 3 头猪，体重分别为 7.5 千克、12.5 千克和 15 千克。试按“百日出栏养猪法”饲养，2 个多月后这 3 头猪体重分别达 75 千克、70 千克和 80 千克，长势喜人。

云南省姚安县仁和乡峭岭方村胡某：为养猪专业户，但连年亏本，1985 年已面临破产，负债累累。参加函授班后，采用“百日出栏养猪法”，尽管饲料品种不全，仍能做到 150 天出栏，平均每头猪日增重 0.6 千克左右，每头猪可赢利 40 多元。

四川省蓬安县兴旺乡和平小学袁某：用“百日出栏养猪法”试喂 1 头“铁疙瘩”猪(3 月 14 日买回重 5.7 千克，5 月 25 日才重 13 千克)，几天后猪就大变样，肯吃爱睡。到 6 月 8 日体重达 24 千克，平均日增重 0.75 千克。

广西玉林市北市乡洋塘村西山屯赖某：按“百日出栏养猪法”以木薯为主配合饲料试喂 7 头猪，平均每头 21 千克重。到 12 月 3 日全部出栏，总重 760 千克。这 102 天里，平均每头日增重 0.85 千克，扣除仔猪和饲料等费用，平均每头猪赢利 114 元。

二、百日出栏养猪品种的选择

（一）选择养猪品种的原则

在养猪生产中，总结经验教训，得出的结论是养好猪取决于三大要素，一是优良品种，二是全价饲料，三是科学管理。因此说，要获得较好的经济效益，选择优良品种是一个关键环节。选择猪的品种必须因地制宜、因场制宜，以便更好地发挥猪的遗传潜力。

（1）根据生产性能进行选择　要优先选择各项生产性能突出，尤其是成活率高、生长发育整齐，生长速度快，出栏早、饲料转化率高的品种。

要优先杂交猪。实践证明，生长肥育猪的杂种优势是非常突出的，二元杂交猪比纯种猪多增重15％～20％，三元杂交猪比纯种猪多增重30％，所以利用杂交猪是养猪快的重要措施之一。

（2）根据适应能力进行选择　要选养生活力强、能适应当地自然气候条件的品种。这样的品种在良好的饲养管理条件下能充分发挥遗传潜力，在较差的环境中表现出较强的抗逆性和较好的适应性，并且猪群中潜伏的疾病种类较少。

（3）根据具备的技术水平进行选择　技术水平高、规模大的猪场，最好选从国外引进的品种，因为这些品种的猪生长速度快，瘦肉率较高。而地方品种适应性强，耐粗饲，母性好，发情明显。

（4）根据饲料资源进行选择　使用全价饲料养猪的，最好选择引进的品种，而有大量廉价青粗饲料的，可以选择地方或杂交品种。据试验,地方品种对粗纤维等粗饲料的消化率明显高于引进品种,而如果使用全价饲料,引进品种的饲料报酬优于地方品种。

(5)根据销售目标选择品种　养大肥猪,以本地或农村销售为主的,可以考虑选地方品种或杂交品种,因为这些品种肉质较好,适合农村的消费习惯。而运销大城市的就要选瘦肉率相对较高的引进品种,这样才能卖出好价钱。

(6)根据出栏规格选择品种　销售乳猪做烤猪的,宜用产仔多管理相对容易而且比较早熟的地方品种,如太湖猪、梅山猪等,或者用这些品种的一代杂种(既能保持产仔多的特性,又改变了毛皮的颜色)。供肉联厂加工中猪的(45 千克左右),可选择杂交品种,因为杂交品种体型和瘦肉率均能达到做中猪的要求,且管理技术相对容易些。但养大肥猪出售的宜选用成熟晚一点的、体型大一点的品种,因为这些品种一般因为性成熟晚,后期生长速度和饲料报酬要优于早熟小型品种。

(二)猪的主要品种

1. 主要的地方品种

(1)东北民猪　原产于东北和华北部分地区,分大民猪、二民猪、荷包猪三种类型。其被毛全黑,头中等大,面直长,耳大下垂,单脊,腹围大,四肢粗壮,后躯斜窄。冬季密生绒毛,猪鬃良好,乳头 7～8 对(见图 2-1)。性成熟早,4 月龄左右出现初情期,发情征候明显,配种受胎率高,有较强的护仔性。在农村公、母猪体重 50～60 千克开始配种,平均头胎产仔 11 头左右,三胎以上产仔 12～14 头。耐粗饲,但饲料利用率低。肌肉不丰满,皮过厚,因而影响了肉用价值。

东北地区广泛利用东北民猪进行经济杂交,以民猪为母本分别与大约克夏猪、长白猪、苏白猪、巴克夏猪等进行杂交,杂交效果

图 2-1 东北民猪

较好。新中国成立以来东北三省利用民猪为基础，分别与约克夏猪、苏白猪、克米洛夫猪和长白猪杂交，培育成哈白猪、新金猪、东北花猪和三江白猪，这些新品种猪大都保留了民猪抗寒性强、繁殖力高和肉质好的特点。

（2）金华猪　主要产于浙江省金华地区的东阳、义乌两县。其体躯中部和四肢为白色，头颈和臀尾为黑色，固俗称“两头乌”。体型较小，耳中等大，下垂，额面有皱纹，背略凹，腹稍下垂，臀较倾斜（见图 2-2），乳头 8 对左右，头型有“寿字头”和“老鼠头”两类。

图 2-2 金华猪

成年公猪体重 140 千克左右，母猪体重 110 千克左右。

金华猪的优点是产仔多，农村养猪一般在 5 月龄（体重 25～

30千克)开始配种,初产母猪平均产仔数10～11头,三胎以上可产13～14头,母性好,早熟易肥,屠宰率高,皮薄骨细,肉质细嫩,脂肪分布均匀,适于腌制火腿和咸肉。但体型不大,仔猪初生体重小,生长慢,后腿不够丰满。

(3)太湖猪　主要分布于长江下游江苏、浙江和上海交界的太湖流域,有二花脸、枫泾、梅山、嘉兴黑猪等多个地方类群。其体型稍大,头大额宽,额部和后躯有明显皱褶,耳特大,软而下垂,近似三角形,背腰微凹,胸较深,腹大下垂,臀宽倾斜,四肢稍高,卧系散蹄,被毛稀疏,毛色全黑或青灰色,也有四蹄或尾尖为白色(见图2-3)的,乳头8～9对,产仔数12～15头,高者达20头以上,成年公、母猪体重分别为140千克和115千克。

图2-3　太湖猪

太湖猪的优点是产仔多,性情温驯,母性强,早熟易肥,但后驱发育差,后臀不丰满,四肢较软,增重较慢。

20世纪70年代以来,以太湖猪为母本,以约克夏猪、苏白猪、长白猪为父本的杂交组合在生产中广泛应用,三元杂交以杜×(长×太)杂交组合最受欢迎,瘦肉率可达53%以上。

(4)两广小花猪　分布于广东省和广西壮族自治区相邻的浔江、西江流域的南部。被毛稀疏,毛色为黑白色,除头、耳、背、腰、臀为黑色外,其余均为白色,黑白交界处有4～5厘米的黑皮白毛的灰色带。体型较小，具有头短、颈短、耳短、身短、脚短和尾短的特点，故有“六短猪”之称。额较宽，有“〈〉”形或菱形皱纹，中间有白斑三角星，耳小向外平伸。背腰宽广凹下，腹大拖地，体长几乎与胸围相等（见图 2-4）。乳头 6～7 对。成年公猪的体重 130.96 千克。两广小花猪性成熟较早，小母猪 4～5 月龄、体重不到 30 千克时开始第一次发情，多在 6～7 月龄、体重 40 千克以上时开始配种。经产母猪窝平均产仔 12.48 头，平均初生窝重 7.76 千克，60 日龄断奶仔数 9.13 头，平均窝重 68.97 千克。

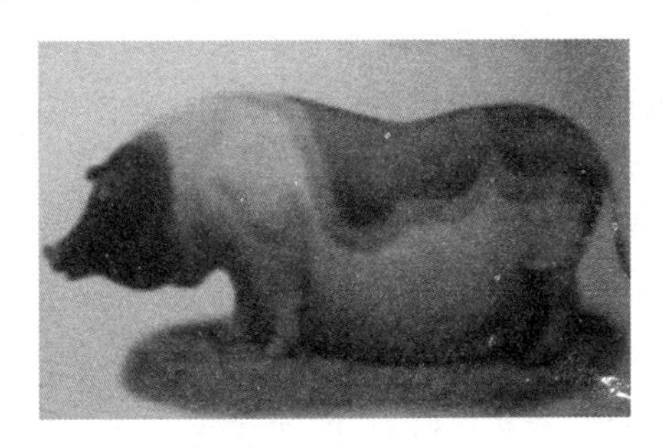

图 2-4　两广小花猪

(5)内江猪　原产于四川省内江地区，其体型大、被毛全黑，鬃毛粗长，头大短宽，鼻孔极短，额部有深皱纹，耳大下垂，背宽微凹，腹围较大，乳头 6～7 对（见图 2-5）。农村饲养的母猪一般 6 月龄开始配种，初产母猪平均产仔 9 头左右，三胎以上产仔 10～12 头，成年公、母猪体重分别为 160 千克和 145 千克。

内江猪的优点是生长发育快、性情温驯，仔猪哺育率高，耐粗饲，适应性强，肥育性能好，但皮厚，影响其猪肉品质。

以内江猪作父本，无论与我国北方的民猪、八眉猪，西南高原地区的乌金猪、藏猪等地方品种，或与北京黑猪等培育品种进行二元杂交，其一代杂种猪的日增重和饲料报酬均有一定优势。在产区利用内江猪作母本，与长白猪、苏白猪、巴克夏猪等品种进行杂

图 2-5　内江猪

交，一代杂种猪的日增重和饲料利用率的优势均较明显，其中以长白猪与内江猪的配合力较好。

(6)荣昌猪　原产于四川省的荣昌和隆昌两县，其体型较大，除两眼四周或头部有大小不等的黑斑外，其余均为白色。头大小适中，面微凹，耳中等大、下垂，额面皱横行、有漩毛，体躯较长，背腰微凹，腹大而深，臀部稍倾斜，四肢细致、结实，鬃毛洁白、刚韧，乳头 6～7 对(见图 2-6)。农村饲养的母猪一般 6～7 月龄开始配种，初产母猪平均产仔 6～7 头，三胎以上产仔 10～11 头，成年公、母猪体重分别为 100 千克和 90 千克。

用中约克夏猪、巴克夏猪、长白猪作父本与荣昌猪杂交，一代杂种猪均有一定杂种优势，其中以长×荣的配合力较好。用汉普

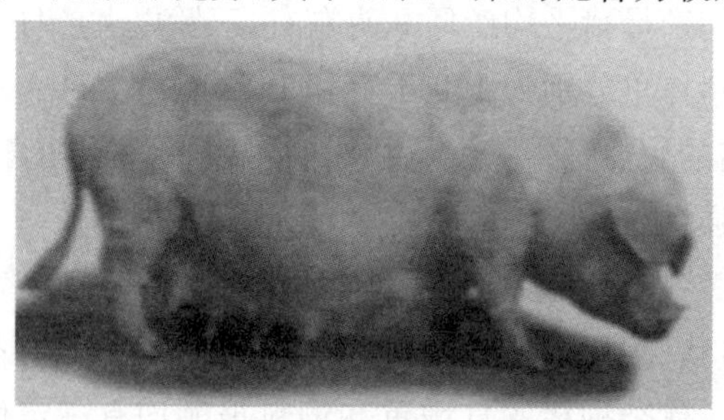

图 2-6　荣昌猪

夏、杜洛克与荣昌猪进行杂交，一代杂种猪瘦肉率可达54%。

(7)合作猪　产于甘肃和青海一带，属于高原小型放牧猪种。其体型似椭圆形，毛色较杂，一般四肢、腹部、背腰多为白色，少数初生仔猪具有棕黄色条纹，但随年龄增长而消失，头狭小，呈锥形，额面无明显皱纹，耳小直立，体躯短窄，背腰平直或稍拱起，腹小微垂，蹄小坚实，体质强健，乳头一般5对左右(见图2-7)，经产母猪产仔4～7头。成年公、母猪体重分别为29千克和33千克。

图2-7　合作猪

合作猪的优点是采食能力强，对高寒气候及粗放管理的生活条件适应性强。皮薄，后腿发达，肉质好(多用于做腊肉)。猪鬃粗长，量多质优。但体型小，生长速度慢，肥育期长，繁殖力低。

(8)陆川猪　原产于广西壮族自治区陆川等县。其身躯矮短，额有横纹且多有白斑，面略凹或平直，耳小向外平伸，背腰宽而凹陷，腹大拖地，臀短倾斜，尾粗大，四肢粗短，多卧系，后腿有皱褶，被毛短细、稀疏，除头、耳、背、臀和尾为黑色外，其余为白色，乳头6～7对(见图2-8)，产仔10头左右。成年公、母猪体重分别为100千克和75千克。

陆川猪的优点是早熟易肥，生长发育快，繁殖力、泌乳力强，耐粗饲，适应性好。但体型较小，大腿欠丰满。

(9)八眉猪　原产于甘肃平凉和庆阳等地，分为大八眉猪和二

图 2-8 陆川猪

八眉猪两种。其体型中等，头较狭长，耳大下垂，额面有纵行“八”字皱纹，腹稍大，四肢结实，乳头为 6 对左右(见图 2-9)，产仔 10～12 头。

图 2-9 八眉猪

八眉猪的优点是性情温驯，耐粗饲，抗病力强，鬃毛良好，但腹大下垂，生长发育慢，屠宰率低。

(10)宁乡猪 产于湖南省宁乡等县，其毛稀而短，为黑白花，体躯上部多为黑色，下部为白色。头大小中等，额面有形状和深浅不一的横行皱纹，耳较小、下垂，颈短宽，多有垂肉，背腰宽，背线多凹陷，腹大下垂，臀宽微倾斜，四肢粗短，乳头 6～7 对(见图 2-10)，产仔 10 头左右。成年公、母猪体重分别为 150 千克和 125 千克。

图 2-10 宁乡猪

宁乡猪的优点是耐粗饲，早熟易肥，脂肪蓄积能力强，皮薄、骨细、肉嫩。但腹大拖地，耐寒性差。在农村中，以宁乡猪作母本、中约克夏猪作父本进行二元杂交，普遍受到群众欢迎。

(11)香猪 主要产于贵州省的从江县和广西壮族自治区的怀江县，是典型的地方品种。其体躯矮小，毛色多全黑。头较直，额部皱纹浅而少，耳小而薄，略向两侧平伸或稍下垂，身躯短，背腰宽，微凹，腹大丰圆、下垂，后躯较丰满。四肢短细，后肢多卧系，乳头 5～6 对(见图 2-11)，母猪初情期 4 月龄，初产母猪产仔 4～6 头，3 胎以上产仔 6～8 头。

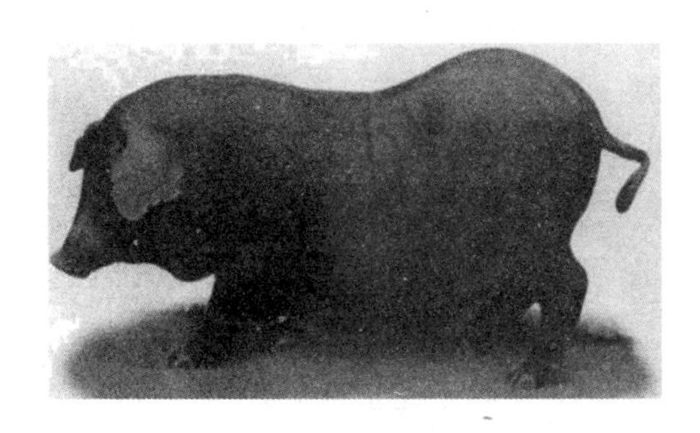

图 2-11 香猪

2. 主要的培育品种

(1)哈白猪　原产于黑龙江省哈尔滨一代,由约克夏猪、苏白猪等与当地民猪杂交育成,属肉脂兼用型品种。其被毛全白,头中等大小,耳直立、前倾,面微凹,胸宽而深,背腰平直,腿臀丰满,四肢健壮,体质结实(见图2-12)。母猪乳头6～7对,一般在8月龄体重90～100千克时配种,产仔10～12头。公猪在10月龄体重120千克左右时配种。成年公、母猪体重分别为220千克和175千克,屠宰率为72.6%。

图2-12　哈白猪

哈白猪性情温驯,繁殖力高,适应性强,抗寒耐粗,生长快,耗料少。

(2)新金猪　产于辽宁省普兰店(原新金县)等市县,由巴克夏公猪与本地民猪杂交育成。属肉脂兼用型品种,全身大部分黑色,其余部分表现为“六白”或不完全六白。体躯结构匀称,头中等大小,颜面稍弯曲,两耳直立稍前倾,背腰平直,臀略斜,四肢健壮,蹄质结实(见图2-13)。母猪乳头6对以上,5～6月龄达性成熟,一般在9～10月龄体重100千克左右初配,产仔11头左右。公猪性成熟期为5～6月龄,一般在9～10月龄开始利用。成年公、母猪体重分别为200千克和160千克,屠宰率为74%。

图 2-13 新金猪

新金猪性情温驯，易于管理，早熟易肥，饲料利用率高，胴体品质好。

(3)新淮猪　产于江苏省，由约克夏猪与当地淮猪杂交育成。其被毛纯黑，但体躯末端有少量白斑，头稍长，嘴角平直或微凹，耳中等大、向前下方倾垂，背腰平直，腹稍大但不下垂，臀略斜，四肢强壮(见图 2-14)。母猪乳头 7 对以上，90～100 日龄达初情期，产仔 11 头左右。成年公、母猪体重分别为 200 千克和 150 千克，屠宰率为 68%。

图 2-14 新淮猪

新淮猪耐粗饲，适应性强，产仔多，但经济成熟性较差。

(4)三江白猪　产于东北三江平原，由长白猪与民猪杂交育成,属瘦肉型品种。其被毛全白,头轻嘴直,耳下垂,背腰宽平,腿臀丰满,四肢健壮,蹄质结实(见图 2-15)。母猪初情期约在 4 月龄,初产母猪产仔 10 头左右,经产母猪产仔 12 头左右。成年公、母猪体重分别为 250～300 千克和 200～250 千克。

图 2-15　三江白猪

三江白猪生长发育快,饲料转化率高,抗寒能力强,胴体瘦肉率高、品质好。

(5)上海白猪　原产于上海市的上海和宝山两县,由约克夏猪、苏白猪与当地猪杂交育成。其被毛白色,中等体型,头面平直或微凹,耳中等大小、略向前倾、背腰宽,腹稍大,四肢健壮,腿臀丰富,体质结实(见图 2-16)。母猪乳头 7 对左右,多于 8～9 月龄体重 90 千克时开始初配,产仔数 11～13 头。成猪多在 8～9 月龄体重 100 千克时开始配种。成年公、母猪体重分别为 250 千克和 180 千克,屠宰率 70%。

上海白猪生长发育快,繁殖力强,饲料转化率高。

(6)北京黑猪　由巴克夏猪、约克夏猪、苏白猪与当地黑猪杂交育成。其全身被毛黑色,中等体型,头大小适中,两耳向前上方直立或平伸,面微凹,额较宽,背腰宽平,四肢健壮,腿臀丰满,体质结实,结构匀称(见图 2-17)。乳头 7 对以上,初产母猪产仔 10 头左右,经产母猪平均产仔 11～12 头。成年公、母猪体重分别为

图 2-16　上海白猪

图 2-17　北京黑猪

250 千克和 180 千克，屠宰率为 70%～72%。

(7)湖北白猪　原产于湖北武昌地区，是通过大约克夏×长白×本地猪杂交和群体继代建系方法，闭锁繁育而成的，是我国新培育的瘦肉型品种之一。其全身被毛白色，个别猪眼角、尾根有少许暗斑，头较轻、大小适中，鼻直稍长，耳向前倾或下垂，背腰平直，中躯较长，后腿较丰满，肢蹄较结实(见图 2-18)。母猪乳头 6 对以上，初情期为 122 日龄左右，发情持续期为 6 天左右。初产母猪产仔数平均为 10.5 头，经产母猪产仔数平均为 12.5 头。成年公、母猪体重分别为 250～300 千克和 200～250 千克，屠宰率为 72%～73%。

图 2-18　湖北白猪

湖北白猪繁殖力强，瘦肉率高，肉质好，生长发育快，能耐受高温、湿冷气候条件，是开展杂交利用的优秀母本品种。

3. 主要引进品种

(1)长白猪　原产于丹麦，是世界上最著名的瘦肉型品种。其全身被毛白色，头小，鼻嘴狭长，耳前伸或下垂，身腰长，背平直而稍呈弓形，后躯发达，腿臀丰富，整个体型呈前窄后宽的楔子形(见图 2-19)。乳头 7～8 对，产仔数 11 头左右。成年公、母猪体重分别为 210～250 千克和 180～200 千克，屠宰率为 71%～73%，胴体瘦肉率 58%以上。

长白猪生长发育快，饲料利用率高，瘦肉率高，杂交效果好。

图 2-19　长白猪

但不耐寒，适应性较差。引入我国后经多年驯化饲养，适应性有所提高，分布范围日益扩大。随着内销和外贸对瘦肉型猪生产的迫切要求，在开展猪的二元或多元杂交利用提高瘦肉率方面，已成为重要的父、母本品种。

(2)大约克夏猪　原产于英国，是世界上著名的瘦肉型品种。其被毛白色，头颈较长，颜面微凹，耳大，稍向前直立，身腰长，背平直而稍呈弓形，四肢高而强健，肌肉发达，乳头 6～7 对(见图 2-20)，产仔 11 头左右。成年公、母猪体重分别为 250～300 千克和 230～250 千克，屠宰率为 71%～73%。

图 2-20　大约克夏猪

大约克夏猪具有生长发育快、饲料利用率高、胴体瘦肉多(瘦肉率达 61%)、产仔多、配合力好等优点，用大约克夏猪作父本与本地母猪进行二元杂交，杂种优势明显。

(3)杜洛克猪　原产于美国，属瘦肉型品种。其体形高大，被毛红棕色，个体间有浓淡之分，头小，颜面微凹，耳中等大小，略向前倾，体驱宽深，背略呈弓形，四肢粗壮，腿臀部肌肉发达丰满(见图 2-21)。经产母猪产仔 11 头左右，成年公、母猪体重分别为 350 千克和 240 千克，屠宰率为 71%～73%，胴体瘦肉率达 60%～65%。

杜洛克猪生命力强，容易饲养，生长肥育快，饲料报酬高，产肉

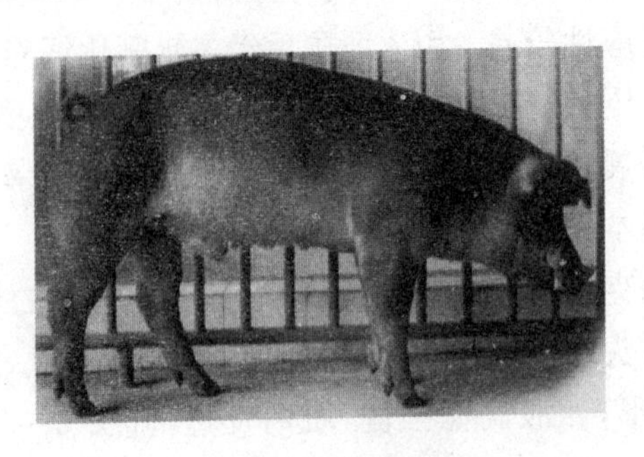

图 2-21 杜洛克猪

性能好。该品种猪在我国饲养繁殖状况良好，在商品猪生产中，利用该品种猪进行二元或三元杂交，对提高肥育猪胴体瘦肉率有明显效果。

(4)皮特兰猪 原产于比利时，是由法国的贝叶杂交猪与英国的巴克夏猪进行回交，然后再与英国大白猪杂交育成的，是目前在欧洲流行的瘦肉型品种。

皮特兰猪被毛呈灰白色并带有不规则的深黑色斑点，偶尔出现少量棕色毛。头部清秀，颜面平直，嘴大且直，耳中等大小、略向前倾。体躯宽深而较短，肌肉特别发达，四肢短(见图 2-22)、骨骼细，平均窝产仔猪 10 头左右。与其他品种猪杂交，能显著提高杂交后代的瘦肉率。据报道，90 千克体重生长肥育猪胴体瘦肉率

图 2-22 皮特兰猪

66.9%，日增重 700 克，饲料利用率 2.65。

该品种猪具有肌肉发达、胴体瘦肉率高、背膘薄的特点，但繁殖力不高，后期增重较慢（商品肉猪 90 千克以后生长速度显著降低），且应激反应严重，肌肉纤维较粗，肉质较差。

（5）汉普夏猪　原产于美国，属瘦肉型品种。头和中、后躯被毛黑色，肩部、前肢围绕着一条白带，头大小适中，耳直立，嘴直长，体躯略长于杜洛克猪，背宽大略呈弓形，体质强健，结构紧凑（见图 2-23），经产母猪产仔 10 头左右，成年公、母猪体重分别为 315～410 千克和 250～340 千克，屠宰率 70%～75%，胴体瘦肉率达 60%以上。

图 2-23　汉普夏猪

汉普夏猪生长发育快，抗逆性强，饲料报酬高，胴体品质好，但产仔数较少。在我国养猪生产中，一般利用汉普夏猪作二元杂交或多元杂交的父本。

（6）巴克夏猪　原产于英国，于清代末年就开始输入我国。我国早期引进的巴克夏猪，体躯丰满而短，是典型的脂肪型品种。20 世纪 70 年代以后进口的巴克夏猪体型已有所改变，趋于兼用型。该品种猪于 20 世纪中期，在我国养猪生产中杂交利用较广泛，对促进我国猪种改良曾起到一定的作用。

巴克夏猪全身被毛大部分黑色而带有“六白”特征，即鼻端、四肢下部和尾梢为白色。头短而凹，嘴略向上翘，耳小前倾，背腰平直，肋骨开张，四肢粗壮，体质强健，性情温驯（见图 2-24）。成年公、母猪体重分别为 220～320 千克和 200～225 千克，平均窝产仔猪 7～8 头，屠宰率为 80%左右。

图 2-24 巴克夏猪

（7）苏白猪 原产于苏联，属肉脂兼用型品种。该品种猪在我国猪的杂交利用上，一度曾产生过较大的影响，以其为父本与各地地方品种的母猪杂交，可获得明显的杂交优势。在杂交育成新品种方面，苏白猪是利用面较广、贡献较大的品种。

苏白猪全身被毛白色，头较大，嘴中等长，颜面微凹，体躯宽深，臀宽平，大腿丰满，四肢健壮，体质结实，适应性较强（见图 2-25）。成年公、母猪体重分别为 300～350 千克和 220～250 千克，平均窝产仔猪 11～12 头，屠宰率为 73.6%。

4. 优良杂交组合介绍

在养猪生产中，各地筛选出许多优秀的杂交组合，目前常见的杂交组合如下。

（1）杜金猪、杜湖猪、杜浙猪、杜三猪、杜上猪 上述 5 个杂交组合分别以我国培育猪品种或品系新金猪、湖北白猪、浙江中白猪Ⅰ系、三江白猪、上海白猪为母本，与杜洛克公猪杂交生产商品猪。

图 2-25　苏白猪

这些组合中我国地方猪种血缘比例在 25%以下，分别由沈阳农业大学、华中农业大学与湖北省农科院、浙江省农科院、黑龙江省和兴隆农场管理局、上海市农科院所筛选的杂化组合。其日增重 600～700 克，饲料利用率（料肉比）3.2∶1 左右，胴体瘦肉率 58%～62%。

（2）长大本（或大长本）　该杂交组合以地方良种作母本与大约克夏猪或长白猪杂交生产二元杂交母猪，再与长白公猪或大约克夏公猪选配生产商品肉猪。该杂交组合的 1 个优点是毛色全白且不会出现毛色分离现象。商品猪日增重达 600～650 克，饲料利用率 3.5∶1 左右，体重达 90 千克时日龄为 180 天，瘦肉率 50%～55%。该组合为我国大中城市菜篮子工程基地以及养猪专业户普遍采用的杂交组合类型。

（3）杜长太（或杜大太）　杜长太（或杜大太）即以太湖猪为母本，与长白猪或大约克夏猪杂交生产 F1 代，并从中选留杂种母猪与杜洛克公猪进行三元杂交生产商品肉猪。该组合的突出优点是能够充分利用杂交母猪（含 50%太湖猪血统）高繁殖性能的优势，平均窝产仔数达 13 头以上，肥育期日增重为 550～600 克，达 90 千克体重时日龄 180～200 天，胴体瘦肉率 58%左右。该杂交组合是目前江苏、浙江、安徽、上海等地重要的杂交组合类型。

(4)杜长大(或杜大长)　该杂交组合首先以长白猪与大约克夏猪的杂交一代作母本,再与杜洛克公猪交配生产三元商品猪,是我国生产出口活猪的主要组合类型,也是大中城市菜篮子工程基地和大型猪场所常用的组合。该杂交组合不含我国地方猪种的血缘,充分利用了3个外来猪品种的优点,生长性能和屠宰性能(包括屠宰率和瘦肉率)特别优秀,商品猪日增重高达700～800克,饲料利用率3.1∶1以下,胴体瘦肉率63%以上。该杂交组合需要较高的饲养管理水平与之配套,母猪的产仔数不高,且发情鉴定与配种受孕较为困难。在广大农村和饲养管理水平不高的猪场难以推广应用。

(5)杜长大上、杜长大太　在商品猪生产中,"二洋一土"的三元杂交模式中,由于我国地方猪种血缘高达25%,因而影响了商品猪的生长速度和胴体瘦肉率,而3个外来猪种杂交的所谓"三洋"模式其母猪繁殖性能不佳,因而出现了兼顾母猪繁殖性能和商品猪生长、屠宰性能的中间模式。杜长大上、杜长大太杂交组合以长大上[长白猪×(大约克夏猪×上海白猪)]或长大太[长白猪×(大约克夏猪×太湖猪)]为母本与杜洛克乡猪杂交生产商品肉猪,商品猪地方猪种血缘比例降为12.5%左右。这种杂交组合类型日增重达700克以上,90千克体重时日龄170天左右,胴体瘦肉率60%以上,饲料利用率3.1∶1左右,母猪平均产仔数达12头以上。

三、影响生猪快速增重的主要因素

(一)选用良种是快速增重的前提

本地猪品种,平均日增重只有0.4～0.5千克;而长白猪×本地猪的杂交一代,平均日增重达0.75千克左右。体重17～22千克的仔猪,饲养100天,就增重75千克,加上原来重量,可达到90～100千克。由此可见,猪的品种类型不同,其生长发育规律会有差异,育肥效果也就大不相同。所以,应用“百日出栏养猪法”时,应当首先选择杂交组合后代来饲养。实践证明,利用我国的地方猪种、培育品种及杂交猪,与进口的长白猪、杜洛克猪优秀个体有计划地进行二元、三元杂交,选择既适应当地自然经济条件又生长快的杂交仔猪,作为育肥对象,是实现养猪百日出栏的一条捷径。

(二)全价饲料是快速增重的基础

营养是加速生猪快长的必要条件。营养水平高低对猪的育肥效果影响很大。如果在不同的育肥阶段根据不同的营养需要,给予能量、蛋白质、矿物质及维生素平衡的日粮,则育肥猪不仅增重迅速,饲料利用率高,而且还能获得优良的胴体。据试验,用高能量(每千克饲粮含消化能13.38兆焦)、低能量(每千克饲粮含消化能11.29兆焦)两种不同营养水平的饲料喂猪,结果低能量组日增重仅424克,高能量组达725克。

生长育肥阶段，随着日粮中粗蛋白水平的提高，猪的日增重、饲料利用率均有上升，膘厚有所降低；眼肌面积与大腿比例有所增加，瘦肉率提高。因此，饲粮的蛋白质水平要分期调整，即前期为17.2%，中期为14.8%，后期为13.6%。

生长肥育猪的育肥效果，不仅取决于日粮中的蛋白质水平，而且还与赖氨酸、蛋氨酸等含量及其比例密切相关。生长肥育猪在20～60千克阶段，若日粮中含0.8%～0.9%赖氨酸，便能获得最佳的经济指标；而在60～90千克阶段，则以日粮中含有0.7%的赖氨酸效果为好。生长肥育猪在自由采食条件下，日粮中的赖氨酸含量以0.5%～0.7%为宜；而在定量饲喂条件下，则应提高到0.7%～08%。

目前，我国各地饲养肥育猪大都利用氨基酸含量很低的玉米、糠麸、糟渣等饲料，有的虽然加入少量花生饼、菜籽饼、豆饼、棉籽饼之类植物性蛋白质饲料，但赖氨酸含量也只有0.3%～0.4%，这就大大影响了猪的育肥效果。如果在饲料配方计算中，赖氨酸只有0.3%，我们再添加商品赖氨酸（含量98%，一般是进口的）0.4%，使日粮中赖氨酸含量达0.7%，则可提高猪的日增重40%，饲料利用率也上升2.1个百分点，效果十分显著。

在饲粮粗蛋白水平较低的情况下，添加蛋氨酸有助于提高日增重，尤其在猪的生长前期效果更为显著。有人对仔猪做过试验，两组仔猪喂粗蛋白质含量为12%的饲料，另两组喂粗蛋白质含量为15%的饲料，每两组中的一组不添加蛋氨酸，另一组添加0.15%的蛋氨酸，结果，添加0.15%蛋氨酸的试验组要比不添加蛋氨酸的对照组长势良好；添加蛋氨酸的低蛋白质含量组与不添加蛋氨酸的高蛋白质组，小猪的日增重几乎相同。可见，若在饲粮中添加0.15%的蛋氨酸能节省高蛋白质饲料，且育肥效果良好。特别是木薯产区，若木薯用量达40%时，蛋氨酸的添加量应达0.2%。

日粮中的能量和蛋白质要保持适当的比例。如果蛋白质数量不足，不仅直接影响猪体内蛋白质的合成，还会导致其采食量下降；但蛋白质过多，也会使体内蛋白质转化为能量而造成浪费，甚至会加重肝和肾的负担而发生营养障碍。肥育猪日粮能量水平正常而蛋白质水平过高时的增重速度，反而比采用适当水平蛋白质饲粮低。所以，必须使饲粮的能量与蛋白质保持合理比例。体重20千克以前的仔猪，饲粮中平均每4.184×10^3千焦耳消化能应含粗蛋白质57.4～67.5克；对于生长肥育猪，饲料中平均每4.184×10^3千焦耳消化能应含粗蛋白质41.9～51.6克。

采用配合饲料喂猪，猪长得快，瘦肉多，消耗饲料少，成本也能降低，一般1.45～2.6千克饲粮可长0.5千克活重。假如有啥喂啥，沿袭“以粗青饲料为主、适当搭配精饲料”的养猪方式，营养很不全面，猪就生长慢，瘦肉率也低。当然，在猪肥育阶段，饲料中应当供给适量的粗纤维。因为粗纤维除提供部分养分外，还有充饥和促进胃肠蠕动的作用，但如果品质低劣的粗饲料用量大，会明显降低消化率，从而影响猪的生长和育肥效果。据试验，猪的日粮中粗纤维每增加1%（青料要折合成风干物计算），精料消化率就降低2.4%。也就是说，喂青粗料越多，从粪便中带走的精料就越多。

（三）性激素与猪体脂肪沉积的关系

性别对猪的生长育肥效果有影响，早已为国内外养猪实践所证明。无论是公猪还是母猪，去势后均能改善食欲，增加体内脂肪的沉积量；公猪不去势进行育肥时，其生长速度、饲料利用率及胴体瘦肉率虽然较高，但其体内有一种产生膻味的化合物5α-雌烯酮，从而影响肉的品质。小母猪与去势小公猪比较，生长速度较慢，但瘦肉率较高，母猪不阉割，在生产中可以推广，但要单独分栏饲养，只要饲粮中提高蛋白质水平，便能提高其生长速度和饲料利用率。所以，购入的断奶仔猪不仅要按体重的大小编组，为了使出售日龄和屠体规格一致，还应按性别分群管理。

（四）初生重、断奶重与后期增重的关系

仔猪初生重大，表明它在胎儿期生长发育好，出生后身体健壮，吮乳、采食、对环境的适应能力都较强，因而生长发育快，断奶体重大。在正常饲养条件下，断奶体重大，肥育期的日增重也大。据试验，在同栏饲喂条件下饲养不同体重的初生仔猪 6 头，有 3 头初生重 0.5 千克，另 3 头初生重 1.2～1.3 千克。到 60 天断奶时，前 3 头个体仅重 14 千克，平均每头日增重 225 克；而后 3 头重达 29 千克，平均每头日增重 462 克，比前 3 头提高 1.05 倍。所以，养猪专业户应当坚持自繁自养，注意在提高初生重和断奶重上下功夫，从而为后期快速增重创造条件。

要想得到初生重大的仔猪，首先要挑选体型长的母猪。由于胎儿的生长受母体营养的控制，而母体的供给又由子宫内胎盘的大小所决定。如果母猪体型较长，就有较多的空间供其胎盘和胎儿充分伸展和发育，因而胎儿发育正常，仔猪的初生重也大。但不要把母猪养得过肥，以免腹脂沉积较多，腹壁肥厚，反而影响胎儿的正常发育。

要想得到初生重大的仔猪，最重要的是进行品种或品系间的杂交，避免近亲繁殖。

（五）温度与育肥的关系

温度对育肥效果有较大的影响，气温过高或过低都影响胴体品质，降低增重速度。低温时虽然猪采食量增加，但热能消耗多，日增重反而降低。据试验，环境温度在 4℃以下时，增重速度降低 50％，饲料消耗却增加 2 倍。当气温升至 21℃以上时，肥育猪日增重便开始下降；35℃以上时，猪的食欲变差，采食量减少，日增重

和脂肪沉积也相应降低。15～21℃时猪增重最快。所以一般春产仔猪的育肥效果优于秋产仔猪，但背膘稍厚。最适宜猪生长的温度：小猪阶段为20～30℃，成年猪为15～20℃。许振英教授提出的群养猪临界温度见表3-1。

表3-1 群养猪的临界温度

体重(千克)	1～5	5～20	50	100
临界温度(℃)	30	28	20	18

在临界温度以下，每降低1℃，每千克体重就要多消耗22千焦的代谢能，相当于1.8克的混合料。

(六)饲养密度与生长速度的关系

所谓饲养密度，是指每头猪所占栏的面积(平方米)。饲养密度是否合理，对生长肥育猪有很大影响。较低的饲养密度对猪的生长和饲养效率的提高是有益的，但对猪舍的利用不经济。当密度增大时，局部环境温度增高，从而使猪的采食量减少；由于密度增大，拥挤会使猪群容易发生疾病；猪的争斗概率增加，群居秩序不易建立。此外，在高密度饲养条件下猪群活动时间显著增加，而躺卧休息时间减少，致使饲料转化率下降，也就是料肉比上升，究竟多大饲养密度好呢？据观察，夏季平均每头猪应占1.2～1.25平方米，冬季以0.8～1平方米为宜。

(七)“暗室静养”有利于育肥

采用暗室静养的科学技术，可避免饲料无谓消耗。暗室，有利于猪少受阳光刺激，不分昼夜地休息，吃完就睡，还可避免猪斗殴。静养，是指猪舍远离人群喧哗的地方，远离公路和嘈杂场所，保持清洁安静，有利于猪群休息。试验表明，黑暗的猪舍对于肉猪具有良好的作用，可提高饲料转化率3%和增重4%。因此，养猪专业户建猪舍时，应尽量创造黑暗环境，装上电灯。按时喂猪，打开电灯后猪就会争着采食；到一定时间，熄灭灯光，猪舍就会转入安静。

（八）调圈对育肥的影响

据试验，仔猪从出生到育肥结束都饲养在同一栏圈，比断奶后转入另一个栏圈饲养，能够缩短育肥期 23 天。原栏饲养法还可以减少疾病和斗咬概率，节省劳动力。

以上我们详细讨论了影响“百日出栏养猪法”的 8 个主要因素。在饲养过程中，应尽量满足猪的上述需要，为生猪百日出栏创造良好条件。

四、实施百日出栏养猪法的基本条件

①肥育对象必须是长白猪、杜洛克猪、约克夏猪等与本地猪杂交所得的杂交二元猪、三元猪，饲养纯种本地仔猪是无法达到百日出栏法的肥育指标的。

②仔猪挑选，应当严格按照本书介绍的经验去做。

③所用日粮，必须是全价配合饲料。在各阶段日粮配方中，每千克饲粮所含的能量、粗蛋白质、赖氨酸和蛋氨酸必须符合猪肥育各个阶段对营养的要求。能量、粗蛋白质的含量可允许有5%的误差，但赖氨酸、蛋氨酸含量的误差还应尽可能小；如果不够则采用添加剂予以补足。

④必须掌握日粮的配方计算和调制方法。在书中为肉猪的每个生长阶段都列举了一则饲料配方，按照这些配方配制日粮完全可以养得成功。但是，这些配方列举的饲料品种并非每个地方都有，一旦应用起来，往往缺这缺那。所以，要下功夫学会日粮配方的计算方法，掌握饲料互换顶替原则，并做到运用自如。

⑤日粮配合时要求采用松针粉。它在日粮中所占比例为：仔猪5%，中猪10%，大猪15%。松针叶含有大量的生长激素、维生素、植物抗生素、17种氨基酸和多种微量元素，经过快速烘干或晾干后粉碎即成，是一种营养价值很高的优质饲料。据试验，将30%的松针粉与70%的其他饲料混合喂猪，母猪喂后奶汁丰盈，产下的仔猪又肥又壮；肉猪骨架长得端正，皮毛发亮，不但增重快，而且肉质好，瘦肉率高。

⑥肥育猪的育肥方式，以“一贯育肥”（又称“一条龙育肥”或“直线育肥”）为好。这种方式的特点是中期不用粗饲料“吊架子”，从仔猪断奶到育肥结束，根据不同生长发育阶段对各种物质的不同需要，始终给予足够营养，充分满足需要，使猪日增重不断提高，直至体重达到 90～110 千克出栏。

⑦喂料必须实行干喂，或按料水比为 1∶1 拌和湿喂。

⑧贯彻“无病早防、有病早治”的原则。坚持早、中、晚“三查”和“五看”，一看食欲，二看精神，三看粪便，四看睡态，五看毛皮。

⑨防病用的药剂应预先配混于饲料中；治病注射部位选择“交巢穴”，见效快，用药量要比常规量大。

⑩应当备有如下药物：青霉素 G 钾（或钠），硫酸链霉素，兽用硫酸卡那霉素，盐酸土霉素，盐酸四环素，磺胺药（磺胺嘧啶、磺胺甲基嘧啶），抗菌增效剂（三甲氧苄氨嘧啶、二甲氧苄氨嘧啶），诺氟沙星，复方氨基比林注射液，安乃近注射液，敌百虫，盐酸左旋咪唑，硫酸阿托品，解磷定和亚甲兰注射液等。

⑪备有下列添加剂：赖氨酸，蛋氨酸，畜用多种维生素，干酵母，神曲（中药），钙片或骨粉，贝壳粉等。

⑫必须了解猪的生活习性。猪爱干净，进食、排泄、睡觉都有固定位置。仔猪入栏时要加以调教，做到吃、拉、睡“三角定位”（具体方法见“七、百日出栏养猪法的技术要点”部分）。

⑬必须了解猪的生长规律，抓住生长高峰期重点用料。要学会分析由饲料转化为猪肉的全过程，运用能量分配的公式：饲料生产的总能量＝维持生命的能量＋增加体重的能量＋运动消耗的能量。尽量降低“运动消耗的能量”和“维持生命的能量”，提高“增加体重的能量”在饲料总能量中的比例。猪的生长发育与人的生长发育有类似之处，都有一个生长高峰期。必须不失时机地抓住这个时期，投足饲料，满足猪发育所需要的各种营养物质。猪的生长高峰期在活重 30～100 千克，在这个范围内投喂营养充分的饲料，

便可收到迅速增重的效果。

⑭“百日出栏养猪法”有个出栏前20天的催肥阶段，如果能按本书介绍的20天催肥法（见“七、百日出栏养猪法的技术要点”）加以实施，虽然多开支一些饲料和药品费，但猪的日增重可高达1.5～2千克。

五、生猪的营养与饲料

(一)生猪的消化特点

要养好猪,使之长得快,瘦肉多,饲料报酬高,从而取得最佳经济效益,只有在了解猪的消化生理的基础上做到科学饲养,才能达到目的。

(1)猪是杂食动物,能利用的饲料种类较多　猪能广泛利用各种动、植物性饲料和其他饲料,能从精料、青饲料和粗饲料中获得所需的各种营养物质。

(2)猪是单胃家畜,具有较发达的消化系统　猪唾液腺发达,唾液中含有一定量的淀粉酶,可消化饲料中的一部分淀粉,这是其他家畜所不及的。猪胃腺能分泌盐酸、胃蛋白酶等消化液,对饲料蛋白质初步消化,同时为胰蛋白酶消化蛋白质创造条件。猪的小肠发达,约为体长的15倍,能很好地消化、吸收饲料中的各种营养物质,满足猪生长发育的需要。因此,猪的饲料报酬较高。

(3)对粗纤维消化率低　猪对粗纤维的消化主要是在盲肠和回肠中,在细菌的作用下,发酵产生挥发性脂肪酸,但利用率很低。因此,猪饲料中要控制粗纤维的含量,以免降低其他营养物质的消化率。

(4)采食量大,对饲料质量要求较高　猪的消化道容积大,特别是胃的伸缩性大,能贮存大量食物,按单位体重计算,其采食量远远超过其他家畜,每天采食风干饲料量达3～5千克,且各种营养物质的含量高,营养全面。

(二)饲料中的营养成分及功能

饲料中含有猪所需要的各种营养物质，经常规化学分析得知，饲料中含有水、粗蛋白质、碳水化合物、粗脂肪、维生素和矿物质六大类营养物质(表 5-1)，它们在猪体内相互作用，才表现出其营养价值。具体分述如下。

表 5-1　饲料中的营养成分

- 饲料
  - 水分
  - 干物质
    - 有机物
      - 含氮物(粗蛋白质)
        - 纯蛋白质
        - 氨化物
      - 无氮物
        - 粗脂肪
        - 碳水化合物
          - 无氮浸出物
          - 粗纤维
    - 无机物(矿物质)

1. 水

(1)水的营养作用　各种饲料中与体内均含有水分。但因饲料的种类不同，其含水量差异很大，一般植物性饲料含水量在5%～95%，在同一种植物性饲料中，由于收割期不同水分含量也不尽相同，随其成熟而逐渐减少。

饲料中含水量的多少与其营养价值、贮存密切相关。含水量高的饲料，单位重量中含干物质较少，其中养分含量也相对减少，故其营养价值也低，且容易腐败变质，不利于贮存与运输。适于贮存的饲料，要求含水量在 14%以下。

猪体内水占 55%～75%，猪乳中含有 70%～80%的水，仔猪体内 2/3 是水。随着年龄增长，猪体脂肪贮积量增加，含水量下降，体重达 100 千克时，水分即降到 50%。水分布于各种器官、组织和体液中，细胞内液约占体液的 2/3，主要存在于肌肉和皮肤中，细胞外液约占体液的1/3，两者间不断进行交换保持动态平衡。

水是猪生长、发育、生产和生命活动不可缺少的营养素，它具有多种营养功能。水对猪的饲料的采食、食糜输送、养分消化、吸收、转运和分解与合成以及排出废物发挥作用。水还起溶剂作用，直接参与许多反应。例如，淀粉的水解反应、氧化还原反应和加水反应等。此外，水还参与体温调节。由于水的热传导性使猪体内代谢累积的热得以转运和蒸发散失。同时，猪利用水的冷却能力，通过蒸发散失潜热，这就是天热时猪喜欢待在水里的原因。此外，水又具有贮热能力，避免体温的突然变化。除此之外，还有特殊作用，如水可润滑关节；在耳中水有传声作用。水还是猪的产品如猪肉、猪乳、胎儿的组成成分。

当猪缺水时，会严重影响猪的健康和生产性能。缺水初期，食欲明显减退，尤其不愿采食干饲料。随着失水增多，干渴感加重，食欲废绝，消化功能迟缓，抗病力降低；脂肪、蛋白质分解加剧，饲料利用率低。猪在长途运输中易造成缺水，这种应激对猪极为不利。猪需要的水分主要靠饮水（或乳）获得；其次，饲料中的水和营养物质在体内氧化时产生的代谢水，也是水的来源之一。

（2）肥育猪的需水量　猪的饮水量受多种因素的影响，难以准确测定。当猪喂干饲料时，其饮水增加，若喂湿料或流食，其饮水量减少。对于肥育猪来说，若按体重计算，每昼夜需水量大体上是每10千克体重需水0.4～1.2千克；若按饲料量计算，冬季饮水量是饲料量的2～3倍，春、秋季为4倍，夏季为5倍，生产中最好是自由饮水。猪的饮水要求清洁卫生，如地下水就是良好的水源，被污染的河水不宜作猪的饮用水源。

2. 粗蛋白质

（1）粗蛋白质的组成及营养作用　所谓粗蛋白质，是指饲料中含氮物质的总称，包括纯蛋白质和氨化物（非蛋白质含氮物，如尿素等）。氨化物在植物生长旺盛时期和发酵饲料中含量较多（占含氮量的 30％～60％），成熟籽实含量很少（占含氮量的 3％～10％）。氨化物主要包括未结合成蛋白质分子的个别氨基酸、植物体内由无机氮（硝酸盐和氨）合成蛋白质的中间产物和植物蛋白质经酶类和细菌分解后的产物。猪只能消化吸收纯蛋白质，而难以吸收氨化物来合成机体蛋白质。纯蛋白质由多种氨基酸组成，这些氨基酸大约有 20 种，可分为两大类，一类是必需氨基酸，另一类是非必需氨基酸。所谓必需氨基酸，是指在猪体内不能合成或合成的速度很慢，不能满足猪的生长和生产需要，必须由饲料供给的氨基酸。猪的必需氨基酸有 10 种，即赖氨酸、蛋氨酸、色氨酸、精氨酸、组氨酸、亮氨酸、异亮氨酸、苯丙氨酸、苏氨酸和缬氨酸。所谓非必需氨基酸，是指在猪体内能够合成的氨基酸，如丝氨酸、丙氨酸、天门冬氨酸、脯氨酸等。在猪的必需氨基酸中，赖氨酸、蛋氨酸、色氨酸在一般谷物中含量较少，它们的缺乏往往会影响其他氨基酸的利用率，因此这三种氨基酸又称为限制性氨基酸。由于氨基酸的种类、数量和组合排列方式不同，就构成了多种性质不同的蛋白质，其营养价值也就不尽相同。凡含有全部必需氨基酸且比例适当的蛋白质，其营养价值较高，如肉、蛋、奶等。凡含有部分氨基酸的蛋白质，其营养价值较低，如玉米、马铃薯等。

猪体各种组织，如皮肤、肌肉、血液、鬃毛和蹄壳等，都主要由蛋白质组成，骨骼中也含有较多的蛋白质，猪体需要不断地利用蛋白质来修补、更替和增长这些组织；各种消化液、酶类、激素和乳汁的分泌，也需要蛋白质。因此，蛋白质是构成体组织、维持代谢、生长、繁殖和抵抗疾病所必需的营养物质。

当猪体所需热能不足时，蛋白质可像碳水化合物和脂肪一样用于产生热能，而碳水化合物和脂肪却不能代替蛋白质的功能。所以蛋白质是最重要的，也是猪最易缺乏的营养素。

幼猪生长发育快，而且主要是肌肉、骨和皮毛，需要的蛋白质比其他各类猪都多。幼猪饲粮蛋白质不足时，增重缓慢，发育不良，容易生病，也常出现异食癖。妊娠母猪蛋白质不足时，会影响产后泌乳，降低仔猪初生重乃至以后的生长速度。泌乳母猪蛋白质不足时会严重降低泌乳量，影响仔猪发育，如喂给充足的蛋白质，能提高泌乳量20%～30%，促进仔猪发育，减少或消灭僵猪。种公猪缺乏蛋白质时，性欲低，精液品质差，会造成母猪空怀或产仔减少。猪采食过量的蛋白质时，经分解脱氨基后转化为脂肪沉积于猪体内，脱下的氨基在肝脏中形成尿素随尿排出，某些氨基酸不经脱氨也可能直接随尿排出，这对蛋白质的利用是不经济的。

(2)影响肥育猪对粗蛋白质需要的因素　在饲养标准中，具体规定了各类猪在不同生长发育阶段对蛋白质的需要量，但在生产实践中，还需根据具体情况作适当调整。影响猪对蛋白质需要量的主要因素有以下几种：

①蛋白质品质。如果饲粮中动、植物蛋白质比例适当，各种氨基酸比例平衡，则蛋白质利用率高，用量也少。

②蛋白能量比。饲粮中蛋白质含量与能量比例适当，高蛋白质含量的饲粮必须和高能量相配合使用。如果饲粮中蛋白质含量较高，而能量不足，就会造成蛋白质的浪费。

③品种类型。猪的品种类型不同，对蛋白质需要量有一定差异，一般瘦肉型猪饲粮中蛋白质含量要高于兼用型猪，若降低饲粮中蛋白质含量，其胴体瘦肉率就会降低。

④生理状况。幼龄生长猪需要蛋白质多，随着年龄增长，蛋白质需要量相应减少；泌乳母猪和种公猪蛋白质营养消耗多，因而蛋白质需要量也较多。

⑤环境温度。环境温度超过一定限度(如酷暑季节)，猪的采食量下降，这时应提高饲粮中蛋白质含量，以弥补其不足。

⑥其他因素。如果饲粮中维生素、矿物质不足，则应提高蛋白

质含量，以改善饲料利用率。

3. 碳水化合物

碳水化合物由C、H、O三种元素组成，其中H∶O=2∶1，正好与水的比例相同，故称碳水化合物。

在植物性饲料中碳水化合物比例高，占干物质的70%～80%，主要包括无氮浸出物和粗纤维两大类。无氮浸出物包括淀粉和一些糖类，无氮浸出物含量高低，直接关系到饲料性质和营养价值，如精饲料所含碳水化合物中无氮浸出物含量高，所以其消化率很高。而粗饲料中虽含有一定量的碳水化合物，但含粗纤维很多，质地粗硬，猪对其利用能力很低，因而不能给猪喂过多的粗饲料。碳水化合物主要是供给猪体能量的，碳水化合物进入猪体后，经过一系列化学变化转变成能量，作为猪进行呼吸、循环、消化、吸收、分泌、细胞更新、神经传导、维持体温及运动等各种生命活动的能源。当猪从饲料中获取碳水化合物有剩余时，可转化为体脂肪贮存起来（即猪体呈现肥胖），作为能量贮备，留给饥饿时利用。因此，碳水化合物对猪的上膘有着重要作用。猪是一种蓄积体脂肪能力最强的家畜，每日都有一定量的碳水化合物在体内转化成脂肪。大量食用碳水化合物时，体内由碳水化合物转变为脂肪的量也增加。相反，当碳水化合物不足，提供的能量不能满足维持需要时，猪体就要把贮积的脂肪分解，进而还要动用蛋白质来产生能量，以便维持生命活动。这时猪就要掉膘，表现消瘦，体重减轻，不能进行正常的生长和繁殖，严重时引起死亡。

由于碳水化合物有在猪体内转化为脂肪的特性，对于瘦肉型猪来说，不宜单用过多的碳水化合物性饲料来饲喂，特别在肥育后期，即在加快脂肪沉积的时期，要适当控制含碳水化合物的精料喂量，防止猪体过肥。

4. 粗脂肪

在饲料分析中，凡是能够用乙醚浸出的物质统称为粗脂肪，包括真脂和类脂(如固醇、磷脂、叶绿素等)。脂肪和碳水化合物一样，在猪体内分解后产生热量，用以维持体温和供给体内各器官运动时所需要的能量，其热能值是碳水化合物或蛋白质的2.25倍；脂肪是体细胞的组成成分，也是脂溶性维生素的携带者，脂溶性维生素A、维生素D、维生素E、维生素K必须以脂肪作溶剂在体内运输，若饲粮中缺乏脂肪，则影响这一类维生素的吸收和利用。另外，脂肪酸中的亚麻油酸、次亚麻油酸及花生油酸对仔猪的生长发育起重要作用，称之为必需脂肪酸，它们必须由饲料中的脂肪提供，缺乏时，将导致被毛脱落、皮炎等，严重时生长发育受阻甚至死亡。在一般情况下，猪的饲粮由谷物籽实和饼粕类组成，不用加脂肪即可满足猪的需要。但试验证明，在生长肥育猪饲粮中添加适量脂肪，可促进生长，改善饲料报酬。

5. 维生素

维生素是维持动物正常生理机能所必需的低分子有机化合物。它不能氧化供能，但它是某些酶的组成成分，参与酶的活动，对生理生化反应起控制作用。猪对维生素的需要虽然微量，常以国际单位或毫克计算，但作用很大。如果缺乏某一种维生素，将导致相应缺乏症的产生，新陈代谢紊乱，生长受阻，繁殖功能受影响。维生素在猪体内合成有限或不能合成，饲粮中一定要保证供应。

猪所需要的维生素有多种，可分为脂溶性维生素和水溶性维生素两大类。脂溶性维生素主要包括维生素A、维生素D、维生素E、维生素K，它们只能溶解在脂肪中才能被吸收利用；水溶性维生素主要包括B族维生素和维生素C，它们能溶于水。

(1)维生素A　它的主要功能是促进幼猪的生长发育，保护消化道、呼吸道和生殖道黏膜的健康，增强对疾病的抵抗力和繁殖功能。幼猪缺乏维生素 A 生长发育缓慢，患夜盲症、眼干燥症、肺炎、下痢和四脚麻痹；母猪缺乏维生素 A 发情异常，易引起流产、死胎，产瞎眼、兔唇等畸形仔猪。

维生素 A 只存在于动物性饲料中，以鱼肝油中含量最丰富，在植物性饲料中只含有维生素 A 原——胡萝卜素，以胡萝卜和青饲料中含量较多，谷物及其副产品中只有黄玉米中含有少量的胡萝卜素（玉米黄素）。胡萝卜素在猪体内可转化为维生素 A，为保证维生素 A 的供应，饲粮中适当配合动物性饲料如鱼粉等，并且长年不断补充青饲料或维生素 A 添加剂。

对于猪，维生素 A 的推荐量为每千克饲粮 1300～4000 国际单位，但随猪的类型、年龄、体重变化而不同。生长肥育猪低于种猪，而肥育猪需要量随体重的增加对维生素 A 的需要量逐渐减少。

（2）维生素 D　维生素 D 又叫抗佝偻病维生素，其主要功能是促进肠道对钙、磷的吸收，以利于骨骼的发育。维生素 D 缺乏时，幼猪骨骼生长不良，易发生佝偻病；母猪会发生产死胎、弱仔、泌乳后期瘫痪等现象。牧草中含有麦角固醇，在紫外线照射下，可转化为维生素 D_2，因此优质草粉是维生素 D 的良好来源。皮肤中的 7-脱氢胆固醇在紫外线作用下，可转化为维生素 D_3。如果阳光充足，猪每天在阳光下活动 45～60 分钟，就不会缺乏维生素 D。在常年密闭饲养不见阳光的条件下，猪饲粮必须添加维生素 D。一般来说，猪对维生素 D 的推荐量为每千克饲粮 125～220 国际单位，其中仔猪的需要量高于生长猪，生长猪又高于肥育猪。

（3）维生素 E　维生素 E 又叫抗不育维生素，它是维持猪的正常繁殖功能所必需的，对保护心肌及其他肌肉的健康有良好作用。另外，维生素 E 还是一种抗氧化剂和代谢调节剂，对消化道和体组织中的维生素 A 有保护作用。维生素 E 缺乏时，仔猪易发生白肌病，心肌萎缩；公猪性欲降低，精液量减少，精子活力差；母猪易出现不孕、流产或产死胎，向母猪饲粮中添加维生素 E 能减少胚胎死亡，增加产仔数。

维生素 E 与硒有协同作用，因此维生素 E 的需要量受硒的影响。维生素 E 的营养作用需要充足的硒才能很好地发挥。维生素 E 的需要量还与多种不饱和脂肪酸、维生素 A、维生素 C 有关。当猪摄食大量的不饱和脂肪酸和维生素 A、维生素 C 时，也需要加大维生素 E 的添加量。

一般青饲料、优质青干草和谷类的种胚中都含有丰富的维生素 E。在冬季圈养的猪，饲料种类往往比较单一，品质较差，要注意补给维生素 E。特别是种公猪，必要时可喂给芽类饲料（如大麦芽、玉米芽等）。一般来说，在硒充足的条件下，每千克饲粮补加 10～15 国际单位维生素 E 可防止猪的缺乏症和死亡，并维持正常生长。

（4）维生素 K　维生素 K 主要起凝血作用，可防止因猪体受伤引起的流血不止，还可防止由新陈代谢障碍而引起的贫血症。

维生素 K 广泛存在于各种植物性饲料中，特别是青绿饲料中，成年猪肠道内微生物也能合成，因此猪一般不会缺乏。由于哺乳仔猪肠道内微生物很少，不能合成足够的维生素 K，要注意在饲粮中补充。猪饲喂发霉变质的饲料或饲料中添加抗菌药物时，抑制了肠道微生物的繁殖，要注意防止维生素 K 的缺乏。猪对维生素 K 的需要量为每千克饲粮 2 国际单位。

（5）维生素 B_1　维生素 B_1 又叫硫胺素，其主要功能是参与碳水化合物的代谢，有助于胃肠道的消化，维持心脏和神经系统功能正常。缺乏维生素 B_1 时，猪所需求的能量供应不足，丙酮酸在血液中积累，造成神经系统、血液循环和消化系统功能障碍，常表现食欲不振，消化功能紊乱，母猪产畸形仔猪数增多。仔猪生活力受影响，严重时可导致死亡。

猪对维生素 B_1 的需要量受多方面的影响。首先，脂肪有节省维生素 B_1 的作用。当猪饲粮中脂肪水平较高时，猪对维生素 B_1 的需要量减少。当外界温度升高时，猪对维生素 B_1 的需要量上升，这可能是因为猪的采食量下降的原因。此外，维生素 B_1 的需要量还受猪的生理状况、疾病和营养的影响。但一般来说，猪对维生素 B_1 的需要量约为每千克饲粮 1.5 毫克即可。

维生素 B_1 在米糠、麸皮等籽实加工副产品中广泛存在，豆类饲料、青饲料中含量较丰富，同时猪体内能大量贮存，因此猪一般不会缺乏维生素 B_1。

(6)维生素 B_2　维生素 B_2 又叫核黄素，它参与蛋白质、脂肪和碳水化合物的代谢，若饲粮中含量适当，可提高饲料利用率。维生素 B_2 缺乏时，幼猪食欲不振，生长缓慢，皮炎，下痢；母猪常产死胎、弱仔，也有时产无毛仔猪。猪对维生素 B_2 的需要量为每千克饲粮 2～4 毫克。

以玉米、高粱、豆饼为基础的饲粮核黄素含量不足，需要补充。各种青饲料、优质草粉、酒糟、豆饼、酵母等含核黄素较多。饲料发酵可提高核黄素的含量。

(7)泛酸　泛酸又叫维生素 B_3，参与蛋白质、脂肪和碳水化合物的代谢，提供猪生命活动所需的能量。生长猪缺乏泛酸时导致食欲下降、生长缓慢，眼泪多、眼圈有深褐色渗出液，鼻涕多、咳嗽，腹泻，溃疡性结肠炎，贫血，被毛粗糙，脱毛，免疫反应降低，后肢运步异常、走鹅步，失去吮乳反射和舌的控制。当母猪缺乏泛酸时采食量、饮水量下降，腹泻、走鹅步，配种后出现“假妊娠现象”或者不怀胎，或怀胎不产仔，也有胃炎、小肠黏膜炎等症状。

猪对泛酸的需要量为每千克饲粮 7～13 毫克。由于泛酸广泛存在于各种植物性饲料中，在生喂的情况下，一般不会缺乏。

(8)烟酸　烟酸又叫尼克酸、维生素 B_{PP}，参与体内碳水化合物的代谢，能促进幼猪的生长。成年猪可将饲料中多余的色氨酸转化为烟酸，一般不会缺乏。生长猪可出现烟酸缺乏症，表现为食欲减退，生长迟缓，被毛粗糙，皮肤干燥、发炎、结痂，俗称“癞皮病”。

当饲粮中无过剩色氨酸时，1～8 千克重的仔猪对有效烟酸需要量为每千克饲粮 20 毫克；当饲粮中色氨酸水平接近猪的营养需要时，10～50 千克重的生长猪对有效烟酸的需要量约为每千克饲粮 10～15 毫克。在猪饲料中，糠麸、干草、蛋白质饲料中含有丰富的烟酸。以玉米为饲粮主要成分时应考虑添加其他禾本科籽实及乳产品加工副产品。

(9)吡哆素　吡哆素又叫维生素 B_6，以吡哆醇、吡哆胺、磷酸吡哆醛的形式存在于饲料和动物体内，而且之间可以相互转化，常见的维生素 B_6 商业制剂是吡哆醇盐酸盐。吡哆素的作用主要是作为氨基移换酶及脱羧酶的组成成分，参与体内含硫氨基酸和色氨酸的代谢。此外还参与碳水化合物、脂肪和无机盐的代谢。当猪缺乏吡哆素时，最常见的症状是神经系统的病变，从而引起肌肉运动失调，步态痉挛，类似癫痫发作。还会发生以耳朵、脚、尾等末梢部位出现癞皮病为特征的“肢端病”以及皮下水肿、脱毛、后肢麻痹，猪的食欲不佳，生长不良，被毛粗糙，眼周围有褐色分泌物及眼泪，视力减退，直至失明，缺乏吡哆素的青年母猪所产仔猪在 3 周龄时发生类癫痫性发作。

吡哆素主要存在于酵母、糠麸及植物性蛋白质饲料中，动物性饲料及根茎类饲料中相对贫乏，籽实饲料中每千克约含 3 毫克。猪对吡哆素的需要量受多种因素的影响，如猪在应激状态下需要较多的吡哆素；当饲粮中脂肪含量较高时，仔猪对吡哆素的需要量减少，一般认为猪对吡哆素的需要量为每千克饲粮 1～2 毫克。

(10)生物素　生物素又叫维生素 B_7 或维生素 H，是一种辅酶，参与脂肪和蛋白质的代谢，有利于不饱和脂肪酸的合成，促进胚胎发育和仔猪生长。当猪缺乏生物素时，会出现脱毛症，皮肤溃烂，皮炎，眼周围有渗出液，嘴黏膜炎症，蹄横裂，脚垫裂缝并出血。但在一般情况下，饲料中的生物素能满足猪的需要。然而当仔猪和公猪饲料中加入大量的生鸡蛋清时，由于生鸡蛋含有抗生物素蛋白，能在肠道里与生物素结合后，使生物素失活，从而加重猪的生物素缺乏症。当给猪喂磺胺类药物时，由于药物使肠道中微生物的生物素合成受阻，使猪产生生物素缺乏症。

猪对生物素的需要量为每千克饲粮 0.05～0.2 毫克。生物素在玉米、油饼和绿色植物中含量丰富；苜蓿粉、酵母、肝粉和乳中生物素也很丰富；猪的粪便中也含有生物素。因此，当猪单圈饲养或饲养在漏缝地板的猪，以及不喂青料的猪应添加生物素；对于喂磺胺类药和饲喂生鸡蛋的猪也要添加。

(11)叶酸　叶酸又叫维生素 B_{11}，参与核酸合成，促进红细胞和白细胞的成熟。猪缺少叶酸时产生贫血，繁殖和泌乳紊乱，体质瘦弱，食欲减退，生长缓慢。叶酸缺乏后，免疫球蛋白合成受阻，增加了猪对感染的敏感性。饲料中添加 1%～2%磺胺药物，会减少肠道微生物的叶酸合成，从而引起叶酸缺乏。一般由于猪肠道内能合成相当数量的可利用叶酸，因而不会缺乏，不需要特别添加，但当饲粮中存在叶酸的拮抗物或磺胺类药物时，应增加叶酸的喂量。

猪对叶酸的需要量为每千克饲粮 0.3 毫克。叶酸广泛分布于各种饲料中，以苜蓿粉、酵母、花生和豆饼(粕)最为丰富。

(12)维生素 B_{12}　维生素 B_{12} 具有许多重要生理功能，它以辅酶形式参与动物体内的多种代谢过程，是猪正常生长和繁殖所必需的。缺少维生素 B_{12} 时，幼猪表现为食欲不振，生长缓慢，贫血，皮炎，运动失调；母猪虽不显示任何临床症状，但产仔少，活力差，育成率低。

猪对维生素 B_{12} 的需要量为每千克饲粮 11～20 微克。植物性饲料中基本不含维生素 B_{12}，作为它的补充来源有鱼粉、酵母、乳产品等。猪放牧时接触腐质土和淤泥，也能得到维生素 B_{12} 的补充。

(13)胆碱　胆碱是卵磷脂、乙酰胆碱的组成成分，参与蛋白质、脂肪的代谢和神经冲动的传导。猪缺少胆碱时，首先表现为生长缓慢，被毛粗糙，腿短，肚子大，行为不协调，肩关节等硬度丧失；母猪缺乏胆碱影响繁殖性能，泌乳下降，仔猪成活率低，断奶体重小；有的仔猪出现脂肪肝，后腿劈叉，出现坐姿。

猪对胆碱的需要量受许多因素影响。胆碱可被蛋氨酸完全替代。当蛋氨酸过剩就会补充胆碱的不足，如果饲料中胆碱水平不够，蛋氨酸就用于胆碱的合成。此外，还受维生素 B_{12}、叶酸、营养水平的影响。对于母猪，饲粮中加入胆碱，可提高受胎率、分娩率、窝产仔数、产活仔数及断奶仔猪数，并可提高生长猪的增重和饲料利用率。一般猪对胆碱需要量为每千克饲粮 0.3～1.25 毫克。富含胆碱的饲料有肝粉、蛋黄、鱼粉、酵母、酒糟，以及绿色植物和谷物。

胆碱广泛存在于各种饲料中，特别是青绿饲料和饼粕类饲料中含量丰富，体内蛋氨酸有助于猪体内合成胆碱，一般不会缺乏。在育成猪饲喂高能低蛋白饲粮时，需适量补充胆碱。

(14)维生素 C　维生素 C 又叫抗坏血酸维生素，其作用是促进肠道内铁的吸收，增强猪的免疫力，缓解猪的应激反应。当猪缺乏维生素 C 时，一般表现为贫血，坏血病，齿龈肿胀、出血、溃疡，生产力下降。由于猪体内能合成维生素 C，一般不会缺乏，但在高温应激状态下，应补加维生素 C。实验证明，在饲粮中加入维生素 C 可使仔猪增重。但在目前还没有提出猪对维生素 C 的需要量。在生产中，为了提高猪的生产性能，在饲粮中每千克可以补充 200 毫克的维生素 C。维生素 C 主要存在于水果和青绿植物中。

6. 矿物质

矿物质是构成动物骨骼、皮毛、肌肉、血液等组织不可缺少的成分，对动物的生长发育、生理功能及繁殖系统具有重要作用。目前，自然界存在的百余种元素中有26种被认为是动物所必需的。其中，有11种是常量元素（占体内元素的0.01％以上），即碳、氢、氧、氮、硫、钙、磷、钾、钠、氯和镁；有15种是微量元素（占体内元素0.01％以下），即铁、锌、铜、碘、锰、镍、钴、钼、硒、铬、氟、锡、硅、钒和砷。在必需的矿物质中，猪饲粮中有10种容易缺乏，它们是钙、磷、钠、氯、铁、锌、铜、碘、硒和钴。饲粮中如果有充足的维生素B_{12}，则钴元素不必需，其余几种元素可以从饲粮中获得满足。随着工厂化封闭式饲养方式的出现，满足猪对矿物质的需要更显突出。但营养上必需的微量元素如果食入过量，也可发生中毒。当某些必需矿物质不足时，常产生的临床症状有食欲不振、生活力下降、发育停滞、饲料利用率下降、软骨症、骨质疏松、肋骨上有串珠、关节变形、后躯麻痹、甲状腺肿大、萎靡不振、初生仔猪无毛等现象。

（1）钙、磷　钙、磷是猪体内含量最多的矿物质元素，约占体内矿物质总量的70％。它们主要以结合态形式存在于骨骼和牙齿中，少量在软组织和体液中。生长猪缺乏钙、磷时，骨骼发育不良，生长缓慢；肉猪肥育后期常因严重缺钙导致骨盆或股骨折损而瘫痪。猪对钙、磷的需要量和饲养标准都已测定和制定出来，其需要量见表5-2。这些钙磷水平是为断奶仔猪和生长肥育猪获得最佳生长速度和饲料利用率而制定的。

表5-2　生长猪对钙磷需要量(每千克饲粮需要量)

体重（千克）	5～10	10～20	20～35	35～60	60～100
Ca（％）	0.80	0.65	0.65	0.50	0.50
P（％）	0.60	0.50	0.50	0.40	0.40

猪对饲料中钙、磷的吸收必须具备两个基本条件：第一，钙、磷之间的比例适当，一般以1∶1～1.5为宜；第二，有充足的维生素

D存在,因为维生素D能促进钙、磷的吸收。此外,饲粮中应避免含有过多的脂肪、蛋白质、草酸和硅酸盐,这些物质过多会妨碍钙、磷吸收。

通常豆科植物性饲料含钙较多,谷实类饲料和糠麸中含钙量低。糠麸中含磷较多,但其中55%～75%是植酸磷,不能被猪有效利用,实际利用率只有1/3～1/2。因此,以粮饼和糠麸为主的饲粮,一般都不能满足猪对钙、磷的需要,需要补充贝粉、骨粉、石粉等。但需注意,钙、磷的补充不能过量,饲粮中含钙量过高,会影响其他营养成分的吸收,特别是妨碍锌的吸收,而导致猪皮肤出现不全角化症。

在生产中,一般以精料为主的猪饲粮中,最好补加一些既含磷又含钙的骨粉或磷酸氢钙,补喂量可按配合饲料量的2%搭配。

(2)钠、氯　这两种元素在猪体内是不能缺少的,它们主要存在于细胞外液中,对维持渗透压的恒定、体细胞的兴奋性和神经冲动的传递起着非常重要的作用;氯是胃液中盐酸的组成成分,有助于蛋白质的初步消化。饲粮中的钠、氯元素主要由食盐提供,食盐还能提高猪的食欲,刺激唾液腺的分泌。如果饲料中钠、氯供应不足,猪皮毛粗糙,生长缓慢,产生异嗜癖,舔食污水、尿液等,易感染疾病。在猪饲料中钠、氯的含量有限,一定要在饲粮中添加食盐才能满足猪的需要。

食盐的用量,以占风干饲粮比例计算,一般占0.3%～0.5%为宜。若食盐供给量过多,易造成猪食盐中毒。

(3)铁、铜、钴　它们都参与体内造血过程。铁是血红蛋白的重要组成成分,铜、钴能刺激造血,缺乏铁、铜、钴都会导致营养性贫血。

铁还参与体内生物氧化过程,产生能量供给猪生命活动的需要。据研究,初生仔猪饲喂乳或混合的液态饲粮时,对铁的需要量为每千克固体物质50～100微克。常规条件下仔猪对铁的需要量为 100 微克，以酪蛋白配制的基础饲粮，喂干料的猪比喂液态料的猪高 50%；猪断乳后，对饲粮铁的需要量为每千克饲料 80 毫克；生长后期和成熟期对铁的需要量减少。

铜还与骨骼发育和神经功能有关，能促进钙、磷沉积，催化猪体内生物氧化过程。生长猪对铜的需要量为每千克饲粮 4～6 毫克。常用猪饲粮中不易缺铜，所以一般不用补加。但试验证明，在 60 千克前生长肥育猪饲粮中加入高铜，能使猪长得更快，降低饲料消耗。

钴还是维生素 B_{12} 的成分，具有促进生长的作用。猪对钴的需要量还尚未测定，一般使用量为每千克饲粮加 1 毫克。据报道，饲粮中添加维生素 B_{12} 可提高猪的增重和饲料利用率，还可防止与缺锌有关的危害。

(4)硒、锌、锰、碘　硒是一种有毒物质，但它是猪不可缺少而易缺乏的微量元素。饲粮中缺硒，会影响猪的繁殖功能，生长猪肝坏死，仔猪患白肌病。在我国东北和西北部分缺硒地区，要注意饲粮中硒的添加。猪每天需要硒 0.03～0.08 毫克。

锌参与碳水化合物代谢，与猪的繁殖功能密切相关，能影响精子的形成。哺乳仔猪对锌较敏感，可产生皮肤不全角化症、下痢、营养不良、生长缓慢等现象。猪对锌的需要量随体重、年龄的增加而逐渐减少，幼龄仔猪约为每千克饲粮 100 毫克，肥育猪后期为每千克饲粮 50 毫克。公猪对锌的需要量高于母猪，而母猪又高于阉猪。

锰参与猪的繁殖功能和维持骨骼正常发育。缺锰时，仔猪骨质疏松，可导致变形；母猪发情异常，受胎率低；妊娠母猪流产多，弱胎、死胎数增多。成年猪对锰具有一定耐受性，且植物性饲料中含量能满足猪的需要，一般不至于缺乏。对于锰的需要量，美国 NRC 推荐量为生长肥育猪每千克饲粮 2～4 毫克，种猪为每千克饲粮 10 毫克。

碘是甲状腺素的重要成分，参与所有物质的代谢，对猪的生长、繁殖具有重要的调节作用。成年猪对碘有耐受性，不易表现缺乏，缺碘主要影响胎儿的发育和仔猪的生长，妊娠母猪流产，死胎和弱胎数增加，仔猪生长缓慢，饲料报酬低。缺碘是地区性的，在内地和高海拔地区易出现，可采用碘盐补足猪的需要。猪对碘的需要量还未确定，许多国家推荐每千克饲料 0.14 毫克用以防止甲状腺肿，但也要根据饲料来定。如用十字花科饲粮就要增加碘用量，用海洋植物则可减少碘用量。添加碘时，要注意不可过量。一般情况下，猪的耐受范围为每千克饲粮 400 毫克。

7. 能量

饲料中的有机物——蛋白质、脂肪和碳水化合物都含有能量。营养学中所采用的能量单位是热化学上的"卡"，在生产中为了方便起见，常用"大卡(千卡)"，或"兆卡"来表示，目前已改用"千焦"、"兆焦"作为能量单位。1 毫升水在 14.5℃升高到 15.5℃所需要的热量称为 1 卡。具体换算方法如下：

1 大卡(千卡)＝1000 卡

1 兆卡＝1000 大卡

1 千卡＝4.184 千焦

1 兆焦＝1000 千焦

猪的一切生理活动，如呼吸、循环、吸收、排泄、繁殖和体温调节等都需要能量，而能量来源主要是饲料中的碳水化合物、脂肪和蛋白质等营养物质。其中，脂肪的能值为 39.30 兆焦/千克，蛋白质为 23.62 兆焦/千克，碳水化合物为 17.35 兆焦/千克。饲料中各种营养物质的热能总值称为饲料总能，饲料中的营养物质在猪的消化道内不能全部被消化吸收，不能消化的物质随粪便排出，如粗纤维、少量蛋白质等，因而粪便中也含有能量，食入饲料的总能量减去粪中的能量，才是被猪消化吸收的能量，这种能量称为消化能。食物在肠道消化时还会产生以甲烷为主的气体，被吸收的养分有些也不能被利用而以尿中的各种形式排出体外，这些气体和尿中排出的能量未被猪体利用，饲料消化能减去气体能和尿能，余者便是代谢能。代谢能去掉体增热消耗，最后剩余的部分是净能，它主要用于基础代谢和生产畜产品。在猪饲养标准中，能量需要多以消化能表示，当然有时也用代谢能。能量在猪体内转化过程见图 5-1。

(三)生猪常用饲料及特点

凡是含猪所需要的营养成分而不含有害成分的物质都称为饲料。生猪的常用饲料有几十种，各有特性，按其来源，可分为 4 类，即植物性饲料、动物性饲料、矿物质饲料和维生素饲料；按其主要营养成分含量和所起的主要营养作用，可分为 8 类，即能量饲料、蛋白质饲料、青饲料、粗饲料、矿物质饲料、饲料添加剂、青贮饲料及维生素饲料。

1. 能量饲料

饲料中的有机物都含有能量，而这里所谓能量饲料是指那些富含碳水化合物和脂肪的饲料，在干物质中粗纤维含量在 18%以下，粗蛋白质含量在 20%以下，消化能含量在 10.45 兆焦/千克以上，包括谷实类，块根，块茎类，糠麸类，糟渣类及油脂类等。这类饲料的消化率高，含能量丰富，但蛋白质含量少，特别是缺乏赖氨酸和蛋氨酸。因此这类饲料必须与蛋白质饲料等配合饲用。

①玉米。含能量高、粗纤维少，适口性好，黄玉米中还含有较多的胡萝卜素(玉米黄素)，而且价格便宜，素称饲料之王。但粗蛋白质含量低，品质差，还含有较多的脂肪，如果大量用作肥育猪饲料，会使脂肪变软，影响肉的品质。因此，在肥育猪的饲粮中玉米的含量最好不要超过 60%。

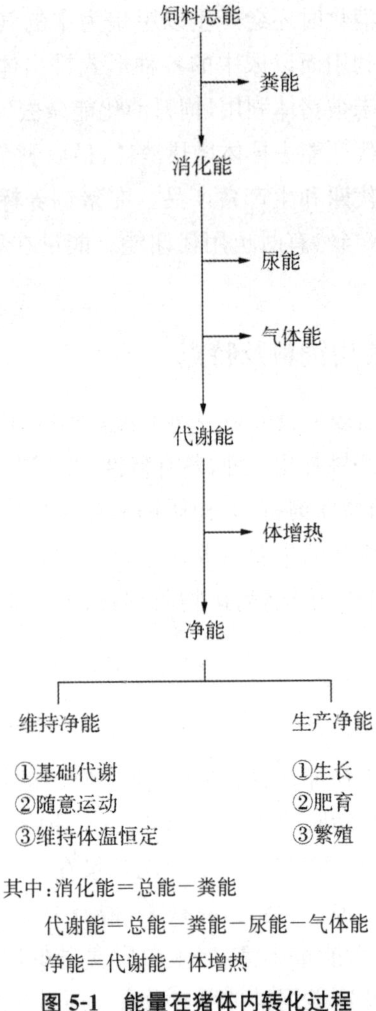

图 5-1　能量在猪体内转化过程

②大麦。是猪很好的能量饲料，消化能含量略低于玉米，粗纤维含量比玉米略高，但蛋白质含量较高，而且脂肪含量低，质地好，是喂肥育猪的良好饲料，特别是瘦肉型猪的饲养，可提高猪肉品质。但大麦皮厚且硬，含粗纤维较多，故在饲粮中最好不要超过

30%,幼龄仔猪不宜超过10%。

③高粱。营养价值略低于玉米、大麦,籽实中含有单宁,适口性差,易发生便秘。高粱糖化后喂猪可提高适口性和利用率。在高粱产区,可在猪饲粮中代替1/3～1/2的玉米。

④稻谷。我国南方水稻产区常用作猪饲料。带壳粉碎的稻谷粗纤维含量较高,影响了饲用价值。如果加工成砻糠和糙米,糙米营养价值与玉米相当,且脂肪品质良好。

⑤麸皮。是麦子加工的副产品,常用的有小麦麸、大麦麸,营养价值与加工精度有关,一般粗蛋白质含量为14%左右,适口性好。麸皮具有轻泻作用,用于妊娠母猪饲料,可防止便秘。

⑥米糠。南方水稻产区重要的精料之一,米的加工精度越高,米糠营养价值越高。新鲜米糠适口性好。粗蛋白质含量为12%左右,脂肪含量高,不耐贮存,在猪饲料中不宜超过25%。

⑦高粱糠。粗蛋白质含量10%左右,粗纤维含量高(7%～24%),并含有多量单宁,适口性差,吃多了容易便秘,饲用价值大体为玉米的一半。在仔猪饲粮中加入5%,肥育猪饲粮加入10%高粱糠,能防止或减轻下痢。

⑧苷薯(山芋)。是我国广泛栽培产量最高的薯类作物,尤适喂猪,生喂熟喂消化率均较高,饲用价值接近于玉米。

⑨马铃薯(土豆)。含有相当高的淀粉,干物质中含能量超过玉米。马铃薯中含有茄素,特别是发芽的含量很高,能使猪中毒,一定要去芽饲喂。马铃薯煮熟饲喂,可大大提高消化率。

⑩糟渣类。主要有酒糟、醋糟、酱油糟、豆腐渣、粉渣等,营养价值的高低与原料有关。原料经加工后,能量中等,但干物质中蛋白质含量丰富。由于这类饲料中都含有某种影响猪生长发育的物质,在饲料中应控制饲喂量。如酒糟中含有较多的酒精,喂量过多使猪醉酒,甚至造成酒精中毒;醋糟中含有醋,酱油糟中食盐含量达7%,豆渣、粉渣中含有大豆等原来有的不良因子,使用时都要

加以注意。饲用量一般只能占饲料干物质的10%～20%。

2. 蛋白质饲料

蛋白质饲料是指饲料中粗蛋白质含量在20%以上的一类饲料。该类饲料的特点是粗蛋白质含量丰富，当与其他饲料配合使用时，能用多余部分的蛋白质去弥补其他饲料中蛋白质的不足，提高饲料利用率。猪常用的蛋白质饲料主要有两大类，即植物性蛋白质饲料和动物性蛋白质饲料。

(1)植物性蛋白质饲料　植物性蛋白质饲料是提供猪蛋白质营养最多的饲料，主要有豆料籽实和饼粕类。

①大豆。是营养价值很高的蛋白质饲料，粗蛋白质含量可达37%，由于含有较多的脂肪，故消化能含量高，但用大豆喂肥育猪常会影响猪体脂肪品质，软脂含量高。另外，大豆中含有抗胰蛋白酶等不良因子，影响胰蛋白酶消化饲料蛋白质的能力，一定要将其煮熟或炒熟后饲喂。

②蚕豆、豌豆。蚕豆含粗蛋白质24.9%，豌豆含粗蛋白质22.6%，它们的最大特点是脂肪品质好，特别适于喂肥育猪，可提高猪胴体品质。

③豆饼(粕)。是目前使用最广泛、饲用价值最高的植物性蛋白质饲料，蛋白质含量高，一般压榨法可达40%，浸提法可达45%以上，且能量饲料中普通缺乏的赖氨酸含量高，常在2.38%左右。钙、磷含量不多，胡萝卜素和维生素D含量少，含烟酸较多，硫胺素含量与禾谷类饲料相近。蛋氨酸含量较少。

④棉籽饼(粕)。含粗蛋白质35%～42%，含B族维生素和维生素E较丰富。其突出缺点是蛋白质中赖氨酸含量少，仅相当于豆饼(粕)的60%。由于棉籽饼(粕)中游离棉籽酚的存在，喂猪后易发生积累性中毒，加之其纤维含量高，因而在猪饲料中要限制使用。不去毒时，饲料中含量以不超过5%为宜。

⑤菜籽饼(粕)。含粗蛋白质35%～40%,蛋白质中氨基酸比较完全,可代替部分豆饼喂猪。由于含有毒物质(芥子苷),喂前宜采取脱毒措施,未经脱毒处理的菜籽饼要严格控制喂量,在饲料中一般不超过7%,妊娠后期母猪和泌乳母猪不宜饲用。

⑥花生饼(粕)。含粗蛋白质40%左右,适口性好,有甜香味,是猪优良的蛋白质饲料。但花生饼(粕)脂肪含量高,不耐贮存,易产生黄曲霉毒素,限制了其在猪饲料中的使用量。发霉变质的花生饼(粕)绝不能作为猪饲料。花生饼(粕)蛋白质中缺乏赖氨酸和蛋氨酸,使用时应注意补喂动物性饲料或氨基酸补充饲料。

⑦葵花籽饼(粕)。可分为脱壳和带壳两种。脱壳葵花籽饼(粕)的蛋白质含量高于带壳的,约含36%,而带壳的是25%左右,其中蛋氨酸含量较高。缺点是赖氨酸含量低,而且带壳的粗纤维在20%以上,所以饲用价值较低,仅能少量使用。

⑧胡麻饼。含粗蛋白质35%左右,但赖氨酸含量低,宜与豆饼一起饲用。

其他饼粕类蛋白质饲料尚有芝麻饼(粕)、蓖麻饼(粕)等,都可提供猪蛋白质营养。

(2)动物性蛋白质饲料　动物性蛋白质饲料主要有鱼粉、肉骨粉、蚕蛹、乳类等,其共同特点是蛋白质含量高,品质好,不含粗纤维,维生素、矿物质含量丰富,是猪的优良蛋白质饲料。在仔猪饲粮中添加一定量的鱼粉可促进生长发育,种公猪饲粮中添加2%～3%的鱼粉可提高精液品质,促进公猪性欲。

①鱼粉。鱼粉是最佳的蛋白质饲料,其蛋白质含量高达62%～65%,必需氨基酸含量多,且配比合理,维生素含量丰富,矿物质含量也较全面,钙、磷比例适当。在猪饲粮中使用鱼粉,可明显提高其生产性能,猪的日增重可提高15%～25%。但是鱼粉价格昂贵,而且目前市场上假的秘鲁鱼粉多,所以许多猪场多用豆饼(粕)代替饲粮中的秘鲁鱼粉。

②肉粉和肉骨粉。是经卫生检验不适合人类食用的肉品或肉品加工副产品，经高温高压或煮沸处理，并经脱脂、脱水干燥制成的粉状物。通常含骨量小于10%的叫肉粉，而高于10%的叫肉骨粉。肉粉粗蛋白质含量50%～60%，肉骨粉则因其肉骨比例不同而蛋白质含量也有差异，一般在40%～50%，最好与植物性蛋白质饲料搭配使用，喂量占饲粮的3%～10%。

③血粉。血粉是屠宰家畜时所得的血液，经喷雾干燥制成的粉末，含粗蛋白质82.8%，是高蛋白饲料，含有多种必需氨基酸。血粉适口性差，且蛋白质消化率低。猪饲粮中一般不超过5%为宜。

④蚕蛹和蚕蛹粉。是缫丝工业副产品，富含脂肪，不易贮存，且影响肉脂品质。因此宜提取脂肪后制成蚕蛹粉再作饲料，耐贮存，又能提高利用效果，其蛋白质含量近80%，富含各种氨基酸，与饼粕类配合使用可提高增重。

⑤羽毛粉。羽毛粉水解后粗蛋白质含量达77.9%，比鱼粉还要高，是良好的蛋白质饲料。羽毛粉含角蛋白多，必须经过水解才能喂猪，但水解的成本高，少量使用还可以。

⑥酵母。酵母是介于动物性蛋白质与植物性蛋白质之间的一种蛋白质饲料。它的蛋白质含量也介于二者之间，为52.4%。酵母有苦味，适口性较差，宜控制喂量，以免猪厌食，影响生长和增重。用量在2%～3%，不超过5%为宜。

除此之外，还有一些蛋白质含量较高的豆科牧草、单细胞蛋白质饲料，也是较好的蛋白质补充饲料，特别是豆科牧草，既能提供蛋白质，又能起到青饲料的作用，对母猪尤为重要。

(3)提高饲料中的蛋白质利用率的有效方法　为了提高饲料蛋白质的利用率，首先应注意饲粮的组成，尤其是粗纤维含量会影响猪对蛋白质的消化吸收。因为当饲粮中粗纤维过多会加快食糜通过消化道的速度，降低蛋白质的消化率。如果粗纤维含量增加一个百分点，蛋白质消化率就会降低 1.0～1.5 个百分点，而饲粮中含有适量的蛋白质则能提高饲粮的消化率。因此，猪饲料中应少加粗饲料，并且增加饲料蛋白质含量。

提高蛋白质的利用率，还要注意饲粮中能量的高低。因为当能量满足猪的需要时，蛋白质才能作为氮源满足猪的需要。当能量不足时，蛋白质首先被迫提供能量，其余才作为氮源，这就大大降低了蛋白质的利用率。因此，在喂猪时应首先满足其能量需要，然后在此基础上，增加蛋白质的饲喂量，才能增加蛋白质的沉积。

饲粮中蛋白质的数量、种类以及蛋白质中各种氨基酸的配比也影响蛋白质的利用。饲粮中蛋白质品质好，数量适宜，蛋白质利用率就高；当喂量过多，蛋白质利用率反而降低。因为猪体合成蛋白质的程度是有限的，蛋白质过多时，多余的蛋白质不能用于氮的需要，只能作为能源。食入的蛋白质，其中含有的各种必需氨基酸也必须搭配齐全。猪体内合成蛋白质需要 10 种必需氨基酸，其中任何一种缺乏都会影响蛋白质的利用。因此，我们提倡各种饲料搭配使用，因为不同饲料中含有的必需氨基酸不同，蛋白质种类不同，可以起到互补作用，从而使饲料蛋白质的利用率提高。

此外，调制饲料的方法也是影响蛋白质利用率的问题之一。同一种饲料进行打浆、碾碎、发酵、青贮等不同加工后，饲料的适口性增加，消化率提高。另外，某些饲料如大豆经加热处理后，能破坏生大豆中的抗胰蛋白酶，蛋白质的利用率也会提高。为了提高蛋白质的利用率，还可进行抗氧化处理。

当然，提高蛋白质利用率还要注意饲粮中营养的全价性、氨基酸的平衡性。因此，在饲粮中应补加少量人工合成的赖氨酸、蛋氨酸，以及各种常、微量矿物质及维生素。

3. 青饲料

青饲料是指含水量在 60%以上的植物性饲料。该类饲料含水量多，干物质中粗蛋白质量多、质好，维生素、矿物质含量丰富，粗纤维含量低，无氮浸出物含量丰富，各种营养物质易被消化吸收，对猪具有一定的促生长作用，是家庭养猪不可缺少的。在某些情况下，青饲料中所含维生素即可满足猪的需要，无须另外补充。

猪常用的青饲料种类很多，主要有牧草、蔬菜、根茎、瓜类、鲜树叶和水生饲料。

①牧草。包括天然牧草和人工栽培牧草，常见的有禾本科牧草和豆科牧草。禾本科牧草主要有青刈玉米、青刈高粱、苏丹草、黑麦草等，豆科牧草主要有苜蓿、紫云英、三叶草、苕子、大豆苗、蚕豆苗等，豆科牧草粗蛋白质含量高，常达15%～20%，质地柔软，适口性好，是猪很好的蛋白质补充饲料，使用得当，可减少蛋白质饲料的用量，降低饲料成本。其他科的牧草如聚合草、荞麦等也是猪良好的青饲料。

②蔬菜。蔬菜也用作猪的饲料，常用的主要有苦荬菜、甘蓝、牛皮菜、甜菜叶、苋菜等。该类饲料在饲用时要防止焖制，以免产生亚硝酸盐使猪中毒。

③根茎和瓜类。该类饲料含糖分较多，常带有甜味，适口性特别好，猪很爱采食。该类饲料中的典型代表是胡萝卜，它是营养价值很高的青饲料，能补充冬、春季青饲料供应不足。其他如甜菜、菊芋、芜菁、南瓜等，都是品质优良的青饲料。

④鲜树叶。优质的树叶也是喂猪的好饲料，既可作青饲料，也能提供一定量的能量、蛋白质和其他营养物质，同时某些树叶中还含有某种促进生长的未知因子，可作为饲料添加剂，如松针粉等。常用于喂猪的树叶种类有：桑槐、榆、杨、柳和某些水果树叶。在使用时注意有的树叶中含有单宁，适口性差。在饲料中使用量常在10%～20%。

⑤水生饲料。主要有水浮莲、水花生、水葫芦和绿萍。该类饲料含水量常在90%以上，干物质含量很少，能量低，生喂时猪易感

染寄生虫，不宜大量用于喂猪。

4. 粗饲料

粗饲料是指饲料中粗纤维含量超过18%、可利用能量很低的饲料。其共同特点是粗纤维含量高，粗蛋白质含量在6%以下，品质差，消化能含量低，粗灰分含量高，但利用率较低。因此，在仔猪、生长肥育猪饲料中要严格控制该类饲料的含量，以免影响饲粮的消化吸收，降低饲料报酬。

猪常用的粗饲料有青干草和秸秆秕壳类。

①青干草。是牧草未达成熟前刈割下来通过人工晒制而成的饲料，该类饲料维生素D含量丰富，其他营养物质含量与收获时期和原料品种有很大关系。以豆科牧草为原料晒制的青干草蛋白质含量较高，质地柔软，是良好的蛋白质补充饲料，适于盛花期前收割晒制。禾本科牧草是晒制青干草的好原料，晒制时营养物质损失少，较易成功。

②秸秆秕壳类。这类饲料是作物种籽收获后留下的副产品，包括整株的秸杆和籽实的外壳、瘪子等，粗纤维含量特别高，达30%～45%，消化能特别低，质地粗硬，适口性差。主要有麦草、稻草、玉米秸、豆荚等。这类饲料不宜饲喂仔猪、肥育猪，有时可作为成年母猪的填充料。

5. 矿物质饲料

矿物质饲料是为了补充植物性饲料和动物性饲料中某种矿物质不足而利用的一类饲料。大部分饲料中都含有一定量矿物质，在过去散养或土圈少量养猪的情况下，看不出明显的矿物质缺乏症，但在目前高密度饲养或圈养条件下矿物质需要量增多，必须在饲料中添加。在生产中，常用的矿物质饲料主要有骨粉、贝壳粉、石粉、磷酸氢钙、食盐、沸石等。

①骨粉。是动物骨骼经高温、高压、脱脂、脱胶粉碎而成。含钙量36%,含磷量16%,不仅钙、磷丰富,而且比例适当,是猪饲粮中优质的钙、磷补充饲料,一般用量占1.5%~2%即可。

②贝壳粉和石粉。贝壳粉是利用河、湖、海产的螺蚌等外壳加工粉碎而成,含钙量30%以上。石粉是天然碳酸钙,含钙量35%以上。它们都是廉价钙的来源,用量一般在1.5%~2%即可。

③磷酸氢钙。含钙量在20%以上,含磷量在15%以上。因价格昂贵用量很少,占饲粮0.5%左右,使用时应注意用脱氟磷酸氢钙。

④食盐。植物性饲料中一般缺乏钠和氯,在猪的饲粮中应注意添加,一般添加量为0.5%~1%。

⑤沸石。沸石是一种含水的硅酸盐矿物,在自然界中多达40多种。沸石中含有磷、铁、铜、钠、钾、镁、钙、锶、钡等20多种矿物质元素,是一种质优价廉的矿物质饲料。

6. 饲料添加剂

饲料添加剂是指为补充饲粮营养或有利于营养利用而向饲粮中加入的各种微量成分。它不同于饲料,一般不能提供能量,添加的主要目的在于补充饲粮营养成分的不足,防止和延缓饲料变质,提高饲料适口性,改善饲料利用率,预防猪受病原微生物的侵扰,促进猪正常发育和加速生长,提高产品质量。由于自然界中没有哪一种饲料能完全满足营养需要,即使是几种饲料科学地配合在一起也不可能非常完善,因此在饲粮中加入饲料添加剂是非常必要的。

饲料添加剂可分为两大类,包括营养性饲料添加剂和非营养性饲料添加剂。

(1)营养性饲料添加剂　此类添加剂主要用于平衡饲粮营养,使饲粮更全价,提高饲料转化率,使猪的生产力得到更好发挥。主要包括氨基酸添加剂、微量元素添加剂和维生素添加剂。

①氨基酸添加剂。猪对蛋白质的需要实际上是对必需氨基酸的需要，猪常用的植物性饲料中，必需氨基酸的数量少且不平衡，不能满足猪的需要，影响饲料报酬。

目前，生产中普遍使用的氨基酸添加剂有两种，即赖氨酸添加剂和蛋氨酸添加剂，它们都可工业合成。

a. 赖氨酸。在能量饲料中都缺乏，是猪的第一限制性氨基酸，虽然蛋白质饲料如豆饼中含量较高，但其价格高，来源不足，限制了在猪饲料中的使用量。为了降低饲料成本可在饲料中直接添加赖氨酸，满足猪对赖氨酸的需要。试验证明，在猪饲料中添加赖氨酸，可提高猪的生长速度，降低饲料消耗。

b. 蛋氨酸。在植物性蛋白质饲料中含量较少，是猪的第二限制性氨基酸。目前，市场出售的蛋氨酸主要是美国、日本等国生产的，可根据饲养标准推荐量在饲料中适当添加。

②微量元素添加剂。通常包括铁、铜、锰、锌、钴、碘等微量元素，在缺硒地区还应添加亚硒酸钠。在水泥地面封闭饲养的猪，不接触土壤，不喂青绿饲料和草粉，需要在饲料中添加微量元素添加剂。各地饲料公司、生产厂家和药店均出售各种规格的微量元素添加剂，可按说明书使用。

③维生素添加剂。在家庭养猪中，青绿饲料比较多，虽然不使用维生素添加剂，也很少出现缺乏症，但在规模养猪情况下，青绿饲料很难充分供应，尤其是饲养肥育猪，不宜大量饲用青饲料。因此，必须在饲粮中加入适量的维生素添加剂。各地饲料公司、生产厂家和药店出售各种复合饲料添加剂，分为种猪（妊娠期、泌乳期）、仔猪和肉猪各种规格，可按说明书使用。购买时要注意密封性和有效保存期，超期的维生素添加剂效价降低，甚至完全失效。添加维生素的饲料不宜长时间贮存。

各种营养性饲料添加剂由于添加量都很小，应充分搅拌均匀，以免造成浪费及意外事故。

(2)非营养性饲料添加剂　非营养性饲料添加剂不是为了提供营养,而是为了促进猪的生长,改善饲料利用率,防止饲料变质,提高猪肉品质。主要包括保健助长添加剂、饲料品质保护添加剂等。

①保健助长添加剂。该类添加剂可抑制病原微生物的繁殖,改善猪体内的某些生理过程,提高饲料利用率,促进猪的生长,增加养猪的经济效益。主要包括抗生素添加剂和各种生长促进剂。

a. 抗生素添加剂。低浓度的抗生素添加剂可对特异微生物的生长产生抑制或杀灭作用,从而提高猪的生产力。在饲养管理条件比较恶劣的情况下,使用这类添加剂的效果更好。目前,在养猪生产中经常用的有:杆菌肽、泰乐霉素、竹桃霉素、金霉素、土霉素等。在使用此类添加剂时要防止滥用,长期低剂量使用抗菌药物会使微生物产生抗药性,并在猪肉中残留,对人类造成危害,这是许多国家不允许的。因此,在使用时要注意治疗用的抗生素一般不能作为添加剂,最好能将几种抗生素添加剂联合或交叉使用,以免引起抗药性。为了防止残留,应间隔使用,特别是在屠宰前一段时间要停用。

b. 生长促进剂。如生长素、β-兴奋剂等能改善猪体内代谢过程,促进猪的生长。还有如各种纤维素酶、淀粉酶等可改善饲料消化率,提高饲料报酬。

c. 驱虫、保健添加剂。对消化道内寄生虫(如蛔虫)有效的如潮霉素,对预防与治疗白痢有效的如呋喃唑酮(痢特灵),猪的用量每吨饲料 100 克,有促进猪的生长与防病作用。

d. 增进食欲添加剂。

谷氨酸钠(味精):在饲料中添加 0.1%的谷氨酸钠,能显著提高猪的食欲,并有效地加快生长,特别在仔猪人工乳中添加味精效果更好。用发酵法生产味精的残渣,经适当处理,可代替谷氨酸钠作为饲料添加剂使用。味精残渣中除含有一定量的谷氨酸钠外，尚有大量的菌丝蛋白及其他有助于猪生长的物质。

糖精：为了改善饲料的适口性，增进食欲，也可在每吨饲料中添加 200 克糖精。此外，在饲料中添加适量的马钱子、槟榔子、芥子与茴香油等，也可起到开胃的作用。

中草药添加剂：中草药资源丰富，价格低廉，助长保健，无不良反应，完全可以作为添加剂使用。

②饲料品质保护添加剂。饲料中某些成分暴露在空气中易被氧化，或在气温高、湿度大的环境中易于变质，在饲料中添加了这类添加剂后可有效地保护饲料品质。常用的添加剂有抗氧化剂和防霉剂。

a. 抗氧化剂。是在含脂高的饲料中，为了防止脂肪腐败和维生素的破坏而使用的添加剂。常用的有抗坏血酸、五倍子酸脂等，在饲料中的添加量一般为 0.01%～0.05%。在家庭养猪饲料用量不太大、饲料贮存天数较短的情况下，很少使用。

b. 防霉剂。是为了防止高温高湿的季节饲料霉变而采用的添加剂。常用的防霉剂是丙酸钠，添加量为每吨饲料 1 千克。

(3)使用饲料添加剂时应注意的问题　饲料添加剂的作用已逐渐被人们认识，使用越来越普遍，但因种类多，使用量小而作用大，且多易失效，所以使用时应注意以下几点：

①正确选择。目前饲料添加剂的种类很多，每种添加剂都有自己的用途和特点。因此，首先应充分了解它们的性能，然后结合饲养目的、饲养条件、猪的品种及健康状况等选择使用。

②用量适当。用量少，达不到目的；用量多既增加饲养成本，还会引起中毒。用量多少应严格遵照生产厂家在包装上的使用说明使用。

③搅拌均匀。搅拌均匀程度与效果直接相关：饲粮中混合添加剂时，必须搅拌均匀，否则即使是按规定的量饲用，也往往起不

到作用，甚至会出现中毒现象。若采用手工拌料，可采用三层次分级拌和法。具体做法是先确定用量，将所需添加剂加入少量的饲料中，拌和均匀，即为第一层次预混料；然后再把第一层次预混料掺到一定量(饲料总量的1/5～1/3)饲料上，再充分搅拌均匀，即为第二层次预混料；最后再把第二层次预混料掺到剩余的饲料上，拌均匀即可。这种方法称为饲料三层次分级拌和法。由于添加剂的用量很少，只有多层次分级搅拌才能混均匀。

④混于干粉料中。饲料添加剂只能混于干饲料(粉料)中，短时间贮存待用才能发挥它的作用。不能混于加水的饲料和发酵的饲料中，更不能与饲料一起加工或煮沸使用。

⑤贮存时间不宜过长。大部分添加剂不宜久放，特别是营养性添加剂、特效添加剂，久放后容易受潮发霉变质或氧化还原而失去作用，如维生素添加剂、抗生素添加剂等。

⑥配伍禁忌：多种维生素最好不要直接接触微量元素和氯化胆碱，以免减小药效。在同时饲用两种以上的添加剂时，应考虑有无拮抗、抑制作用，是否会产生化学反应。

(四)饲料的加工与调制

饲料加工与调制是改变饲料性状的一种手段，其目的是改善饲料的适口性，消除某些饲料固有的有害性，提高饲料的采食量、消化性和利用率。饲料调制与否或如何调制，必须根据饲料的性质和猪的生理状况以及调制所耗费的人力、物力和经济成本来决定，因为调制时虽有所得，但也有所失，要具体衡量得失。

饲料调制的方法很多，概括起来可归纳为三大类，即物理、化学和生物学调制法。

物理调制法，主要通过机械和浸泡等作用，使饲料由粗变细，由长变短，由硬变软，便于猪采食和咀嚼，减少能量消耗，从而提高饲料的利用率。具体方法有铡短、粉碎、打浆以及用水和其他汁液浸泡等。

化学调制法，是应用酸、碱、石灰水及氨水等化学药品对饲料进行处理，以分解饲料难以消化的部分，如纤维素、木质素等，并消除某些对猪有害的物质。一般来说，经过处理后的饲料在化学组成和结构上有所改变，消化率和能值有一定程度的提高。

生物学调制法，是利用饲料中沾染或人工接种的某些有益微生物的活动，为它们创造适宜的生活条件，使微生物大量繁殖生长，以达到保存和改变饲料性质的目的。它能改进饲料的适口性，刺激猪的食欲，使饲料增加某些营养物质，如维生素、菌体蛋白等，此法主要有糖化发酵、酶解、发芽等。

1. 能量饲料的加工调制

能量饲料一般适口性好，消化率较高，是猪营养的主要来源。但禾谷类籽实由于种皮（如玉米）、颖壳（如大麦）、淀粉粒的性质（如小麦）以及某些饲料中含有的有毒有害物质（如高粱中的单宁）等因素，影响了消化酶的消化作用和营养物质的吸收，需要通过适当加工调制，改善其适口性，提高消化利用率。经常使用的方法有以下几种。

（1）机械加工　机械加工是籽实类饲料最常用的加工调制方法。这类饲料如果整粒饲喂，消化液难以透过表层结构，营养物质不易被消化，饲料利用率低。机械加工的方法有：

①粉碎。通过将饲料粉碎，破坏了籽实表面坚硬的种皮和颖壳层，增加饲料与消化液的接触面积，提高饲料利用率。这类饲料粉碎时要注意粉碎的细度，特别对于大麦、小麦等。由于其中含有较多的谷蛋白，粉碎过细适口性差，易在肠道内黏滞成团影响消化液的渗入，不利于消化，一般以中等细度为佳。精料粉碎后与外界接触面增加，易于反潮和氧化，不耐贮存，对于含脂高的饲料更要注意，如玉米等。

②浸泡。对有些能量饲料可通过浸泡提高适口性，减少有毒有害物质的危害。如高粱通过浸泡可消除其中所含的单宁，土豆通过浸泡可减少其中茄素的含量。浸泡时料水比以1：1～1.5为宜，水过多，影响干物质的摄入量，营养供给不足，影响猪的生长。在高温季节，浸泡时间不宜过长，以免饲料发酵变质。

③焙炒。对诱引仔猪开食具有很好的作用，通常用大麦或玉米等含淀粉多的饲料，将部分淀粉胶转化为糊精，产生香味，改善适口性。

(2)发芽与糖化

①发芽。是在冬、春季青饲料缺乏的情况下，为了供给种猪的需要而采取的方法，可促进猪的发情和泌乳量的提高，提高精液品质。发芽时要注意把温度控制在30～40℃。籽实发芽有两种：一种是长芽(6～8厘米)，富含胡萝卜素；另一种是短芽(0.5～1厘米)，富含维生素E。

②糖化。将籽实粉碎后，在淀粉酶的作用下，使部分淀粉转化为麦芽糖。糖化饲料中含有少量乳酸，糖分含量高，具有酸、香、甜味，适口性好，提高了饲料的消化率。

③压扁制粒。将禾本科籽实如玉米、大麦、高粱等先去皮，加热压扁制成压扁饲料，可提高适口性和消化率。也可将能量饲料先粉碎，再通过多种饲料配合，然后制成颗粒饲料，可提高消化率。

2. 蛋白质饲料的加工调制

植物性蛋白质饲料是猪饲粮蛋白质的主要来源，由于该类饲料中常含有某些对猪生理机能有害的物质，所以对它处理以降低危害、提高饲用价值成为蛋白质饲料加工调制最重要的一部分。这类饲料主要是饼粕类饲料。饼粕是榨油的副产品，其中有害物质的含量大多与残油量高低有关，一般残油量越多，有害物质含量就越高，反之则越少。

（1）大豆饼（粕） 冷榨的大豆饼粕中含有抗胰蛋白酶、细胞凝集素、尿酶素和促甲状腺肿素等有害物质，它们会降低粗蛋白质的消化率，对猪造成一定的毒害而产生疾病，由于这些物质大都是热不稳定物质，在 105～110℃的温度下经 3～5 分钟即可被分解，成为无毒性的物质，因此，大豆粕一定要经过加热处理才能用来喂猪。

（2）菜籽饼（粕） 菜籽饼（粕）是菜籽榨油后的副产品，由于其中含有芥子硫苷和芥子酸，使菜籽饼有一股辛辣味，适口性差，而且芥子硫苷在体内分解后产生硫氰酸类物质，可导致猪甲状腺肿大，影响物质代谢。因此，菜籽饼在饲用前要经过脱毒处理，降低菜籽饼中芥子硫苷的含量，埋入法是最常用的方法，即将菜籽饼和水按 1∶1 的比例埋入土坑，经两个月后即可取出饲喂。除此之外还有氨、碱处理法和发酵法，但效果都不太理想。

（3）棉籽饼（粕） 棉籽饼（粕）中含有游离的棉酚，可对组织细胞和神经产生毒害，要经过去毒才能使用。常用去毒方法是：用 0.2%～0.5%的硫酸亚铁溶液浸泡，按 1:2.5 的饼水比例浸泡 24 小时，去毒率可达 80%左右。除此之外，还可用水煮法和溶剂浸出法，但效果不如浸泡法。

（4）其他植物性蛋白质饲料 如大豆、蓖麻籽饼、花生饼、胡麻仁饼等，在使用前都要进行适当加工调制，以提高适口性，减少毒害。

动物性蛋白质饲料也是猪饲粮蛋白质来源的一个方面，特别是家庭养猪时自制的蛋白质饲料，要注意合理加工调制，以免对猪产生危害。

①骨肉粉。可采用畜禽脏器和不符合食用要求的屠体如非传染病死亡的动物加工制成。在喂猪时，一定要经过高温消毒才可饲用，以免产生疾病。

②蚕蛹。是缫丝工业的副产品。含脂量高，不耐贮存，应将其

高温处理抽提部分油脂才能用于饲喂，晒干后可贮存。不能将蚕蛹从缫丝厂取来后直接饲喂，以免产生疾病或中毒。

③鱼粉。是使用最广泛的动物性蛋白质饲料，其加工方法一般有干法、湿法和土法生产。市售鱼粉常是用干法生产的，质量可靠符合卫生要求。采用土法生产的鱼粉，质量不可靠，蛋白质含量不稳定，食盐含量过高，未经高温消毒，卫生条件差，在饲用时要慎重。

在农村还将捕获的小鱼虾混拌在饲料中喂猪，但腥味大，屠宰前应停用，最好能煮熟制汤，用来拌饲料，适口性和利用率可提高。

3. 青饲料的加工调制

(1)青饲料打浆　青饲料的体积较大，含有一定量的粗纤维，在实际使用时，猪的采食量是有限的，如果将其粉碎打浆，制成粥样，则可提高适口性，增加采食量，有利于消化液与营养物质的混合，提高消化率。各种青饲料都可以作为打浆的原料，对于有些质地较硬或适口性差的青饲料，如茎叶表面有倒刺或毛的青饲料尤为适宜。

青饲料打浆的具体做法是：用普通锤片式粉碎机改装，使用直径为 3～4 厘米的筛板，配以一定动力即可进行。根据打浆过程中是否加水可分为水打浆和干打浆，含叶多的幼嫩青饲料可直接打浆，压缩体积，提高采食量，且便于贮存，此法称干打浆；对于一些较老、含粗纤维较多的青饲料，由于含水量少，粉碎打浆时过于黏稠不易流出，可在入料口用水管注入适量的水，起到一定的稀释和清洗作用，保证浆液顺利流入料池，此法称水打浆，料水比例约为 1∶1，由于含水多，不易贮存。

(2)青饲料发酵　青饲料的发酵是利用乳酸菌、酵母菌等在适宜的温度、湿度和厌氧环境下，对青饲料进行发酵，使其质地柔软，体积较小，酸香可口。此法对于一些质地较硬、带有不良气味的青饲料尤为适合。

青饲料发酵的方法是：将青饲料洗净切短，装入缸或池内踩紧压实，装至接近满时，盖上草席，压上重物，以免青饲料浸水后浮起腐烂，然后用水完全浸没青饲料，经3～7天后，发酵即可完成。

由于发酵过程中温度达40℃，水分含量多。因此，发酵饲料不耐贮存，在制作时一次数量不宜过多，否则会导致腐败变质。

在青饲料进行发酵前，对原料要进行清理，防止有毒植物掺入。为了提高发酵饲料营养价值，可进行混合发酵。

(3)青饲料的干制加工　青饲料经干制加工即成青干草。品质良好的青干草是我国北方地区猪冬、春季青饲料供应的一种重要形式。调制良好的青干草，营养损失少，青绿，芳香，适口性好，易于消化。豆科牧草，禾本科牧草和天然草地牧草都可制成青干草。

调制青干草的原料要适时收割，禾本科牧草于始花期至盛花期收割。收割是否适时，与青干草的品质和调制的难度有很大关系。

青干草的调制有自然干燥和人工干燥两种方法，目前国内多采用自然干燥法，即利用阳光曝晒进行调制。

自然干燥法调制青干草包括两个阶段，第一阶段是将适时收割的原料采用地面薄层平铺曝晒法，在阳光下曝晒4～5小时，使草中水分迅速蒸发降至40%左右，这时植物细胞死亡，呼吸停止。这个阶段一定要将草铺开，铺平，勤翻动，以加快水分蒸发，缩短晒制时间。第二阶段是使植物含水量降至14%～17%，抑制酶的活动，减少营养损失。植物中水分由40%降至14%～17%是一个较缓慢的过程，不能采用阳光曝晒，而应减少日晒，以免胡萝卜素大量损失。可采用堆小堆或移至通风良好的荫棚下逐渐干燥，此阶段要减少翻动，以免叶片大量脱落，造成营养损失。

青干草调制完毕后要及时堆垛，以免受到雨淋而降低青干草的营养价值。

调制青干草过程中最重要的一点是防止雨淋，受雨淋的青干草易霉烂，适口性差甚至失去饲用价值。在雨水较多的地区调制青干草时，采用草架晒制，可减少营养损失。

4. 青贮饲料的加工调制

青贮饲料是青饲料通过微生物作用将营养物质保存下来的一种饲料。通过青贮，可使青饲料常年均衡供应。禾本科青饲料较易保存，豆科青饲料较难青贮成功，如果两者混合青贮，可提高青贮饲料的营养价值。一般青贮饲料的调制方法如下。

(1)适时收割　用于青贮的原料要适时收割，收割过早，含水量多，不易青贮；收割过迟，粗纤维含量高，品质差。禾本科牧草以孕穗至抽穗期收割，豆科以始花期至盛花期、青刈玉米以乳熟期、山芋藤为霜前期收割，随割随贮，效果较好。

(2)切短　为了便于装填、踩实和取喂，青贮原料必须切短。豆科牧草可长些，禾本科的宜略短些，一般以 3～5 厘米为佳。

(3)装填　原料切短后要立即装填。装填前先将窖或缸底部铺上 15～30 厘米厚的稻草(用糠也可)，然后开始分层装填，每层 20～30 厘米，层与层之间可根据原料含水量的多少，撒上适量的糠，便于压紧，尤其要踩实窖的边缘。尽可能排除饲料中的空气，造成良好的厌氧环境，这是青贮能否成功的关键之一。

(4)封窖　要求严密不透气，防止雨水淋湿。家庭青贮缸可用塑料薄膜紧密封口，青贮窖顶部要装满压实呈馒头形，并用土封严，封窖 3～5 天后，原料下沉，要及时用土填实。

饲料青贮 1 个月左右即可开窖使用。使用时要注意逐段、分层取用，不能掏洞或整个无规律使用。

家庭常用的青贮方法有窖贮法、缸贮法和塑料袋青贮法等，无论哪一种，只要达到要求都可使用。

品种良好的青贮饲料应呈绿色或黄绿色，带有水果味或乳酸香味，质地疏松。而发黑甚至腐烂的青贮饲料不应用来喂猪。

青贮饲料具有轻泻性，妊娠母猪应控制饲喂量。猪的喂量以1.5～2 千克/日・头为宜，使用时要与其他精料混合饲喂，且需逐步增加喂量，以使猪有适应过程。

5. 粗饲料的加工调制

（1）粗饲料粉碎　猪是单胃动物，对粗饲料的消化能力很差。因而日粮中含量不宜过多。为了增加猪的采食量，有利于粗饲料的消化，饲用粗饲料前应进行粉碎。粗饲料的粉碎细度，一般来说是越细越好，最好在 1 毫米以下；用来粉碎的粗饲料，最好实行多样搭配，提高营养价值；发霉的饲料在粉碎前一定要加以剔除。粉碎好的粗饲料干粉，可以与精饲料混起来喂，也可以与精料一起压成颗粒饲料喂。

（2）粗饲料发酵　在发酵过程中，由于微生物的作用，可使粗纤维软化、糖化，有利于提高粗饲料的适口性和利用率。粗饲料的发酵方法主要有绿色木霉菌发酵法、瘤胃发酵法、糖化酶菌（黄曲霉、根霉等）发酵法及自然发酵法等。

（五）生猪的饲养标准

1. 饲养标准的制定与应用

养猪的目的是为了用最少的饲料生产最多的猪肉，在科学养猪过程中，为了充分发挥猪的生产性能而又不浪费饲料，必须对每头猪每天应给予的各种营养物的质量规定一个大致的标准，以便实际饲养时有所遵循，这个标准就是饲养标准。饲养标准的制订是以猪的营养需要为基础的，所谓营养需要就是指猪在生长、肥育、繁殖等生理活动中每天对能量、蛋白质、维生素和矿物质的需要量。在变化的因素中，某一头猪的营养需要我们是很难知道的，但是经过多次试验和反复验证，可以对一类猪在特定环境和生理状态下的营养需要得到一个估计值，生产中按照这个估计值供给猪各种营养，这就产生了饲养标准。

饲养标准的内容主要包括能量指标、蛋白质水平、钙、磷、食盐及胡萝卜素含量，有些还包括了各种必需氨基酸、维生素和各种必要的微量元素合理供应量等。目前有些饲养标准包括营养指标达20种，力求营养的全价化。饲养标准的内容随着畜牧科学技术的发展，项目越来越多，越来越复杂，对微量元素的饲养效果更趋明显，有的把微量元素作为重要的添加剂。

猪的饲养标准很多，许多国家都有本国猪独特的饲养标准。各国的饲养标准，其内容不完全相同，但总的看来，基本上大同小异，所以国家间的饲养标准都可以相互参考，相互借鉴。

2. 我国生猪的饲养标准

我国生猪的饲养标准见附录2。

3. 应用猪的饲养标准时需要注意的问题

①饲养标准是来自养猪生产，又服务于养猪生产。生产中只有合理应用饲养标准，配制营养完善的全价饲粮，才能保证猪群健康并很好地发挥生产性能，提高饲料利用率，降低生产成本，获得较好的经济效益。所以，为猪群配合饲粮时，必须以饲养标准为依据。

②饲养标准的种类较多，在配合饲粮时应选择合适的饲养标准，满足相应猪的营养需要，并力求符合标准。

③饲养标准是根据许多试验研究结果的平均数据提出来的，而饲粮又是按大群猪的平均生产力来配合的，不可能符合每一个个体的需要，而且饲料成分也有变化。此外，各种营养物质之间也

存在着相互代替、相互制约的复杂关系。因此，在承认饲养标准与饲料营养价值表的科学性前提下，在生产实践中，要随时根据具体情况作具体调整，使配合饲粮的营养含量达到近似值即可。

④制定具体饲粮配方时，至少要满足猪对消化能、粗蛋白质、蛋白能量比、钙、磷、食盐、赖氨酸和蛋氨酸的需要量。

(六)生猪的饲粮配合

1. 配合饲料的优点

配合饲料是指根据饲养标准科学地将几种饲料按一定比例混合在一起的营养全面的饲料。猪在生产过程中需要一定量的各种营养，但自然界中没有哪一种饲料能满足这个要求，用单一饲料喂猪的结果必然影响猪的生长，浪费饲料，减少经济效益。相反，饲用配合饲料不但能满足猪的营养需要，还能相对地降低饲料成本。配合饲料的优越性可概述如下。

①由于配合饲料是全价的，营养物质利用率高，可用最少的饲料获得最多的产品。

②配合饲料生产时，是将几种饲料混合使用，饲料之间营养物质相互补充，可以最合理地利用各种饲料，减少浪费，这对于一些资源贫乏的饲料如蛋白质饲料尤为重要。

③饲料配制时，可加入各种添加剂，防止了营养不足、过量和中毒现象，可以抑制病原微生物的生长，减少疾病发生，促进猪的生长，改善饲料利用率，提高胴体品质。用配合饲料喂猪与用单一饲料喂猪相比，料肉比前者为(3.0～3.5)∶1，后者为(4.0～4.5)∶1，甚至更高；死亡率前者在5%以下，后者常在10%～15%。

2. 饲粮的配合原则

配合猪的饲粮时必须考虑以下原则。

①配合饲粮时应依据猪的饲养标准及饲料营养价值。饲养标准是配合饲粮的指南，饲料的营养价值是基础，查阅饲料营养价值表时要尽量选择接近本地区饲料的营养价值，以减少误差。

②必须满足猪对能量、蛋白质、维生素和矿物质的需要，对种猪还要注意到蛋白质的品质，必需氨基酸的平衡程度。

③注意饲粮体积，控制粗纤维含量。母猪饲粮体积可以较大些，使母猪有饱腹感，粗纤维含量可达10%，而种公猪、仔猪和肥育猪等要控制饲粮体积，以免种公猪形成草腹，仔猪、肥育猪能量摄入不足，影响生长。

④饲料要多样化。充分利用当地饲料资源，力求饲料品种多样化，使营养物质之间相互补充，提高利用率。

⑤饲料要质地良好，适口性好，严禁喂发霉变质、有毒有害的饲料。对于妊娠母猪更要注意。

⑥要考虑经济原则。在养猪生产中，饲料成本占总成本的60%～70%，为了提高经济效益，降低饲料成本，应在满足猪营养需要的前提下，尽量选用价格低廉、来源广泛的饲料。

3. 猪的配合饲料类型

猪的配合饲料的种类很多，按猪的类别可将配合饲料分为乳猪料、幼猪料、肥猪料、哺乳母猪料、妊娠母猪料和公猪料等；按形态可将配合饲料分为粉料、破碎料、颗粒料、压扁料、膨化漂浮料及液体料等；按营养可将配合饲料分为添加剂预混料、浓缩料、混合料和全价配合料。

①添加剂预混料。把多种饲料添加剂按一定比例与定量载体混合制成，喂猪时，按说明加入基础饲粮中。

②浓缩料。在添加剂预混料的基础上再加入蛋白质饲料。

③混合料。多为养猪户利用，自家生产的能量饲料加入少量蛋白质饲料和矿物质饲料混合而成。

④全价配合饲料。这种饲料根据科学配方，利用多种能量饲料、蛋白质饲料和饲料添加剂预混料配合而成，营养全面，比例适当，饲养效果好，经济效益高。

4. 饲粮中各类饲料的大致比例

不同饲料在猪饲粮中所占比例不同，同一种饲料在不同饲粮中所占比例也不尽相同。配合饲粮时应参考典型饲粮配方和实践经验灵活掌握。主要饲料种类在各种类型猪饲粮中搭配比例可参考表 5-3。

表 5-3　各类饲料在猪饲粮中的比例

饲料类别	育成猪（2～4 月龄）	后备成猪（4～8 月龄）	兼用型肉猪（4～7 月龄）	瘦肉型肉猪（4～6 月龄）	妊娠母猪
禾本科籽实	36～60	35～50	35～55	35～55	30～50
豆科籽实	0～15	0～20	0～20	0～20	0～10
饼粕类	0～10	0～20	0～10	0～10	5～20
糠麸类	5～10	5～20	5～15	5～10	10～25
酵母	0～5	0～5	0～5	0～5	0～5
动物性饲料	3～10	2～10	2～5	3～8	1～5
草粉	1～5	1～5	1～5	1～5	1～7
石粉骨粉	1.5	1.5	1.5	1.5	1.5
食盐	0.5	0.5	0.5	0.5	0.5

5. 设计猪饲粮配方的方法

配合猪的饲粮首先要设计饲粮配方，有了配方，然后“照方抓药”。设计猪饲粮配方的方法有很多，如四方形法、试差法、计算机法等。目前，农村养猪户和小型猪场多采用四方形法或试差法，而大型猪场和饲料公司多采用计算机法。

(1)四方形法　四方形法简单易懂,一般在饲料种类不多及考虑营养指标较少的情况下采用。

①两种饲料的计算方法。如利用某一含粗蛋白质 42%的浓缩蛋白质饲料和含粗蛋白质 8.6%的玉米,配制成含粗蛋白质 16%的生长肥育猪饲粮。其计算步骤如下:

第一步:画一个四方形,在四方形左上角,写玉米粗蛋白质的含量,即玉米 8.7%;在四方形左下角,写浓缩饲料粗蛋白质的含量,即浓缩料 42%;在四方形中央写上所配饲粮的蛋白质含量 16%。

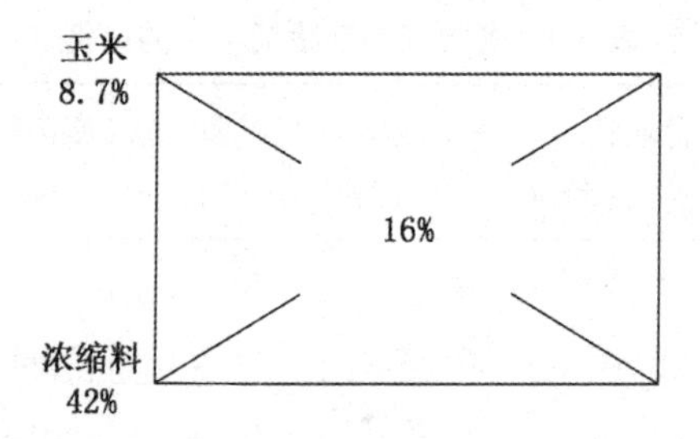

第二步:按四方形两对角线进行计算,用大数减去小数,并在计算过程中去掉百分号,即 42－16＝26;16－8.7＝7.3。把得数写在对角上。

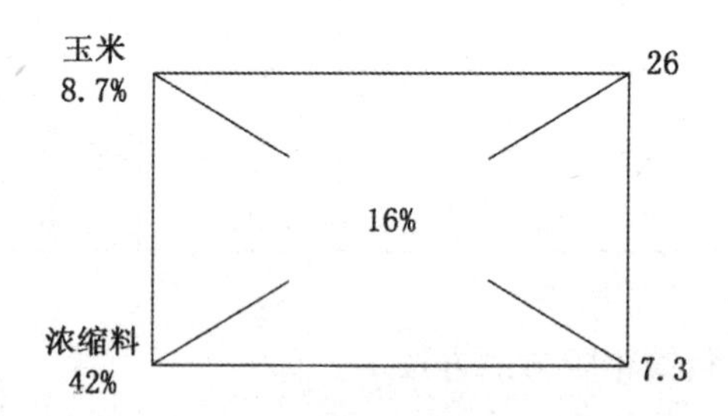

所以,右上角得数 26 是玉米在饲粮中所占的份数;右下角得数 7.3 是浓缩料在饲粮中所占的份数,总份数为 26＋7.3＝33.3。

第三步:把上一步的份数换算成百分比(%)。

即：

$$玉米(\%)=\frac{26}{26+7.3}=78\%$$

②多种饲料的计算方法。这样，用78％的玉米与22％的浓缩蛋白质饲料就可以配制含粗蛋白质16％的生长肥育猪饲料。两种以上的饲料可以先排除固定原料成分，然后把饲料分为两组进行计算。例如，利用玉米、稻谷、麦麸、米糠、豆饼、菜籽饼、进口鱼粉（含粗蛋白质62.5％）、贝壳粉、食盐、添加剂，为生长肥育猪配制含粗蛋白质为16％的饲粮。其计算步骤如下：

第一步：首先确定某些饲料比例，然后进行饲料分组，即确定鱼粉的比例为2％，贝壳粉为1％，食盐为0.3％，添加剂为0.7％；玉米、稻谷、麦麸、米糠为能量饲料组；豆饼、菜籽饼为蛋白质饲料组。

根据实际情况确定能量饲料玉米、稻谷、麦麸、米糠按40∶35∶15∶10组成，并从"猪常用饲料营养成分表"中查到上述各种饲料的粗蛋白质含量，即：

玉米(8.7％)占40％
稻谷(7.8％)占35％
麦麸(15.7％)占15％
米糠(12.8％)占10％
} 含粗蛋白质9.85％

蛋白质饲料豆饼、菜籽饼按60∶40组成，并查出粗蛋白质含量，即：

豆饼(44.2％)占60％
菜籽饼(38.6％)占40％
} 含粗蛋白质41.96％

饲粮中未确定成分所占的比例为：

100％－2％－1％－0.3％－0.7％＝96％

饲粮中未确定成分应含粗蛋白质为：

(16％－62.5％×2％)÷96％＝15.36％

第二步:把混合的能量饲料和混合的蛋白质饲料用四方形法计算,即:

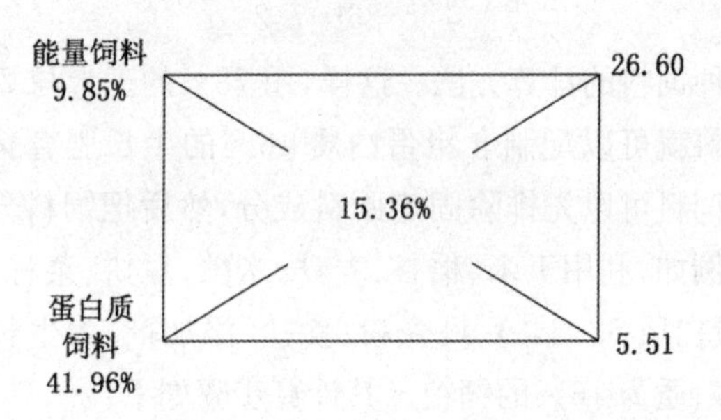

四方形右上角得数 26.60 是能量饲料在饲粮中所占的份数;右下角得数 5.51 是未确定比例的蛋白质饲料在饲粮中所占的份数。

第三步:把上列饲料换算成百分数,即:

能量饲料为:26.60÷(26.60+5.51)=82.84%

蛋白质饲料为:5.51÷(26.60+5.51)=17.16%

第四步:计算各种饲料在饲粮中的比例。

玉米:40%×82.84%=33.14%

稻谷:35%×82.84%=28.99%

麦麸:15%×82.84%=12.43%

米糠:10%×82.84%=8.84%

豆饼:60%×17.16%=10.30%

菜籽饼:40%×17.16%=6.86%

进口鱼粉:2%

贝壳粉:1%

食盐:0.3%

添加剂:0.7%

(2)试差法　所谓试差法,就是根据经验和饲料营养含量,先大致确定一下各类饲料在饲粮中的比例,然后进行营养价值计算,计算结果与饲料标准比较，若某一项或某一部分营养不足或过多，将相应部分饲料比例调整，再计算，直到近似饲养标准为准。这种方法是生产中使用最多的，比较容易掌握。

例如，为体重60～90千克的瘦肉型生长肥育猪配合饲粮。可供饲料有：玉米、大麦、米糠、豆饼、苜蓿草粉、贝壳粉、食盐及各种饲料添加剂。

第一步：根据配料对象及现有的饲料种类列出饲养标准及饲料成分表。见表5-4。

表5-4 生长肥育猪饲养标准及饲料成分

（兆焦/千克、%）

项目	消化能	粗蛋白质	钙	总磷	赖氨酸	蛋+胱氨酸	食盐
饲养标准							
体重65～90千克	13.39	14.5	0.55	0.48	0.70	0.40	0.30
饲料成分							
玉米	14.27	8.7	0.02	0.27	0.24	0.38	
大麦	13.56	13.0	0.04	0.39	0.44	0.36	
米糠	12.64	12.8	0.07	1.44	0.74	0.44	
豆饼	15.06	47.9	0.34	0.65	2.99	1.41	
苜蓿草粉	6.95	19.1	1.40	0.51	0.82	0.33	
贝壳粉			33				

第二步：试制饲粮配方，算出其营养成分。如初步确定各种饲料的比例为：玉米44.5%、大麦30%、米糠15%、豆饼7%、苜蓿草粉2%、贝壳粉0.5%、食盐0.3%、添加剂0.7%。饲料比例初步确定后可列出试制的饲粮配方及其营养成分表（见表5-5）。

第三步：补足饲粮中粗蛋白质含量。从以上试制的饲粮配方来看，消化能比饲养标准多0.1174兆焦/千克，而蛋白质比饲养标

表 5-5　试制的饲粮配方及其营养成分　　(兆焦/千克,%)

饲料种类	饲料比例	消化能	粗蛋白质	钙	总磷	赖氨酸	蛋+胱氨酸
玉米	44.5	14.27×0.445 =6.3502	8.7×0.445 =3.8715	0.02×0.445 =0.0089	0.27×0.445 =0.1202	0.24×0.445 =0.1068	0.38×0.445 =0.1691
大麦	30	13.56×0.30 =4.0680	13.0×0.30 =3.9000	0.04×0.30 =0.0120	0.39×0.30 =0.1170	0.44×0.30 =0.1320	0.36×0.30 =0.1080
米糠	15	12.64×0.15 =1.8960	12.8×0.15 =1.9200	0.07×0.15 =0.0105	1.44×0.15 =0.2160	0.74×0.15 =0.1110	0.44×0.15 =0.0660
豆饼	7	15.06×0.07 =1.0542	47.9×0.07 =3.3530	0.34×0.07 =0.0238	0.65×0.07 =0.0455	2.99×0.07 =0.2093	1.41×0.07 =0.0987
苜蓿草粉	2.0	6.95×0.02 =0.1390	19.1×0.02 =0.3820	1.40×0.02 =0.0280	0.51×0.02 =0.0102	0.82×0.02 =0.0164	0.33×0.02 =0.0066
贝壳粉	0.5			33×0.005 =0.1650			
食盐	0.3						
添加剂	0.7						
合计	100	13.5074	13.4265	0.2482	0.5089	0.5755	0.4484
饲养标准	100	13.39	14.5	0.55	0.48	0.70	0.40
差数	0	0.1174	−1.0735	−0.3018	0.0289	−0.1245	0.0484

准少 1.0735%，这样可利用豆饼代替部分玉米进行调整。从饲料成分表中可查出豆饼的粗蛋白质含量比玉米高 39.2%(47.9－8.7)。在这里，每用 1%豆饼代替玉米，则可提高蛋白质 0.392%。这样，我们可以增加 2.7385%(1.0735/0.392)的豆饼来代替玉米就能满足粗蛋白质的饲养标准。第一次调整后的饲粮配方及其营养成分见表 5-6。

第四步：平衡钙、磷，补充添加剂。从表 5-6 可以看出，饲粮配方中的钙尚缺 0.2931%(0.55－0.2569)，赖氨酸少 0.0503%(0.700－0.6497)，其他营养含量与饲养标准相差不多。这样可用 0.8882%(0.2931/0.33)的贝壳粉代替玉米，添加 0.0503%赖氨酸添加剂，其他添加剂按药品说明添加。

这样经过调整的饲粮配方中的所有营养已基本满足要求，调整后确定使用的饲粮配方见表 5-7。

在配合饲粮时要求反复试差调整，直至近似饲养标准为止。用这种方法也可为其他生产目的和生理阶段的猪配合饲粮。

一般来说，试差标准与饲养标准相差不超过正负 5%即为近似饲养标准，配合结果计算值不可能也没有必要与饲养标准完全相同。

设计猪的饲粮配方除掌握方法外，还与生产实践经验有很大关系，我们要在饲养过程中不断总结经验，设计出符合猪要求的科学配方。

(3)计算机法　随着电子工业的发展，电子计算机也被广泛应用于饲粮配方设计之中。利用电子计算机设计饲粮配方，其原理是把饲粮配方设计的计算抽象为简单目标线性规划问题，饲粮配方设计过程，就是求解相应线性规划问题最优解的过程，即利用计算机高级算法语言编出程序，将饲粮配方问题抽象成线性规划模型后，准确适当地列出输入数据，相应利用各种微机和程序求解。在实际生产中，人们可以利用电脑公司提供的计算机软件设计饲

表 5-6　第一次调整后的饲粮配方及其营养成分　　（兆焦/千克，%）

饲料种类	饲料比例	消化能	粗蛋白质	钙	总磷	赖氨酸	蛋+胱氨酸
玉米	41.7615	14.27×0.418 =5.9649	8.7×0.418 =3.6366	0.02×0.418 =0.0084	0.27×0.418 =0.1129	0.24×0.418 =0.1003	0.38×0.418 =0.1588
大麦	30	13.56×0.30 =4.0680	13.0×0.30 =3.9000	0.04×0.30 =0.0120	0.39×0.30 =0.1170	0.44×0.30 =0.1320	0.36×0.30 =0.1080
米糠	15	12.64×0.15 =1.8960	12.8×0.15 =1.9200	0.07×0.15 =0.0105	1.44×0.15 =0.2160	0.74×0.15 =0.1110	0.44×0.15 =0.0660
豆饼	9.7385	15.06×0.097 =1.4608	47.9×0.097 =4.6463	0.34×0.097 =0.033	0.65×0.097 =0.0631	2.99×0.097 =0.2900	1.41×0.097 =0.1368
苜蓿草粉	2.0	6.95×0.02 =0.1390	19.1×0.02 =0.3820	1.40×0.02 =0.0280	0.51×0.02 =0.0102	0.82×0.02 =0.0164	0.33×0.02 =0.0066
贝壳粉	0.5			33×0.005 =0.1650			
食盐	0.3						
添加剂	0.7						
合计	100	13.5287	14.4849	0.2569	0.5192	0.6497	0.4762
饲养标准	100	13.39	14.5	0.55	0.48	0.70	0.40
差数	0	0.1387	0.0151	−0.2931	0.0392	−0.0503	0.0762

表 5-7 最后确定使用的饲粮配方及其营养成分 （兆焦/千克，%）

饲料种类	饲料比例	消化能	粗蛋白质	钙	总磷	赖氨酸	蛋+胱氨酸
玉米	40.873	14.27×0.41 =5.8507	8.7×0.41 =3.5670	0.02×0.41 =0.0082	0.27×0.41 =0.1107	0.24×0.41 =0.0984	0.38×0.41 =0.1558
大麦	30	13.56×0.30 =4.0680	13.0×0.30 =3.9000	0.04×0.30 =0.0120	0.39×0.30 =0.1170	0.44×0.30 =0.1320	0.36×0.30 =0.1080
米糠	15	12.64×0.15 =1.8960	12.8×0.15 =1.9200	0.07×0.15 =0.0105	1.44×0.15 =0.2160	0.74×0.15 =0.1110	0.44×0.15 =0.0660
豆饼	9.739	15.06×0.097 =1.4608	47.9×0.097 =4.6463	0.34×0.097 =0.033	0.65×0.097 =0.0631	2.99×0.097 =0.2900	1.41×0.097 =0.1368
苜蓿草粉	2.0	6.95×0.02 =0.1390	19.1×0.02 =0.3820	1.40×0.02 =0.0280	0.51×0.02 =0.0102	0.82×0.02 =0.0164	0.33×0.02 =0.0066
贝壳粉	1.388			33×0.0139 =0.4587			
食盐	0.3						
赖氨酸添加剂	0.05					0.05	
其他添加剂	0.65						
合计	100	13.4145	14.4153	0.5504	0.5170	0.6978	0.4732
饲养标准	100	13.39	14.5	0.55	0.48	0.70	0.40
差数	0	0.0245	−0.0847	0.0004	0.0370	−0.0022	0.0732

粮配方。与一般方法相比，用电子计算机设计饲粮配方有以下优点。

①可以满足猪所有营养物质的需要。利用手工设计，只能确定几种主要技术指标，计算简单的饲粮配方。使用电子计算机后，利用线性规划和计算机语言，可以将猪饲养标准中规定的所有指标一一满足，使全面考虑营养与成本的愿望变为现实。

②操作简单，快速及时。利用计算机设计饲粮配方，全部计算工作都由计算机完成，且速度相当快，仅需几分钟。计算内部程序固定化，操作起来极为简单。

③可计算出高质量、低成本的饲粮配方。利用计算机设计出来的饲粮配方都是最优化的，它既保证原料的最佳配比，又追求最低成本，这样可充分利用饲料资源，提高饲料转化率，获取最大的经济效益。

④提供更多的参考信息。计算机不仅能设计饲粮配方，还有能进行经济分析、经营决策、生产管理、市场营销、信息反馈等多种非常重要的作用。

当然，再先进的电子计算机也仅是一种为人类服务的工具，并不是万能的，要设计出好的饲粮配方，还必须掌握营养科学、饲料学原理，且具有丰富的实践经验。

6. 饲粮的拌和方法

饲粮使用时，要求猪所吃的每一部分饲料所含的养分都是均衡的、相同的，否则将会使猪产生营养不良、缺乏症或中毒现象，即使饲料配方非常科学，饲养条件非常好，仍然不能获得满意的饲养效果。因此，必须将饲料搅拌均匀，以保证猪的营养需要。饲料拌和有机械拌和和手工拌和两种方法，只要使用得当，都能获得满意的效果。

（1）机械拌和　机械拌和即采用搅拌机进行。常用的搅拌机有立式和卧式两种。立式搅拌机适用于拌和含水量低于14%的粉状饲料，含水量过多则不易拌和均匀。这种搅拌机所需动力小，价格低，维修方便，但搅拌时间较长(一般每批需10～20分钟)，适于养猪专业户使用。卧式搅拌机在气候比较潮湿的地区或饲料中添加了黏滞性强的成分(如油脂)的情况下，都能将饲料搅拌均匀。该机搅拌能力强，搅拌时间短，每批3～4分钟。主要在一些饲料加工厂和大型猪场使用。无论使用哪种搅拌机，为了使搅拌均匀，都要注意适宜的装料量，装料过多或过少都会使均匀度无法保证，一般以装料容量的60%～80%为宜。搅拌时间也是关系到混合质量的重要因素，混合时间过短，质量肯定得不到保证，但也不是时间越长越好，搅拌过久，使饲料混合均匀后又因过度混合而导致分层现象，同样影响混合均匀度。时间长短可按搅拌机使用说明进行。

(2)手工拌和　手工拌和是家庭养猪时饲料拌和的主要手段。拌和时，一定要细心、耐心，防止一些微量成分打堆、结块，拌和不均，影响饲用效果。

手工拌和时特别要注意的是一些在饲粮中所占比例小，但会严重影响饲养效果的微量成分，如食盐和各种添加剂，如果拌和不均，轻者影响饲养效果，严重时造成猪产生疾病、中毒，甚至死亡。对这类微量成分，在拌和时首先要充分粉碎，不能有结块现象，块状物不能拌和均匀，被猪采食后有可能发生中毒。其次，由于这类成分用量少，不能直接加入大宗饲料中进行混合，而应采用预混合的方式。其做法是：取10%～20%的精料(最好是比例大的能量饲料，如玉米面、麦麸等)作为载体，另外堆放，然后将微量成分分散加入其中，用平锹着地撮起，重新堆放，将后一锹饲料压在前一锹放下的饲料上，即一直往饲料堆的顶上放，让饲料沿中心点向四周流动成为圆锥形，这样可以使各种饲料都有混合的机会。如此反复3～4次即可达到拌和均匀的目的，预混合料即制成。最后再将这种预混合料加入全部饲料中，用同样方法拌和3～4次即能达到目的。只有通过这样拌和，才能保证配合饲粮品质，那种在原地翻动或搅拌饲料的方法是不可取的。

7. 日喂量的计算

当计算出每千克饲粮的消化能后，就可以计算出各类猪每天应给予的喂料量。具体计算公式如下：

$$日喂量=\frac{每天需要能量(维持生命+增重能量)}{自配饲粮每千克含能量}$$

例如，经过计算确定了 90 千克育肥猪的日粮配方后，1 头猪要求日增重 1 千克，每天应喂多少饲料呢?

我们先从表 5-8 中查知，体重 90 千克的猪，增重 1 千克需要能量 49576 千焦。然后用上述日喂量公式计算，即

$$日喂量=\frac{49576\ 千焦}{13415\ 千焦/千克}=3.7(千克)$$

式中，13415 千焦/千克是调整后日粮配方中每千克饲粮所含有的消化能。

8. 百日出栏养猪法的参考配方

①体重 10～20 千克阶段。玉米 44%，稻谷 7%，花生饼(或豆饼)15%，菜籽饼 5%，麦麸(或大米糠)15%，松针粉 5%，淡鱼粉(秘鲁鱼粉)7%，过磷酸钙 1%，蛋氨酸 0.05%，赖氨酸 0.15%，食盐 0.7%，促长剂 0.1%。每 50 千克饲料添加干酵母 100 片，土霉素 20 片，钙片 20 片，多维素 5 克。

②体重 20～35 千克阶段。玉米 44%，木薯粉 12%，麦麸(或大米糠)15%，松针粉 10%，淡鱼粉(秘鲁鱼粉)7%，花生饼 10%，过磷酸钙 1%，蛋氨酸 0.05%，赖氨酸 0.15%，食盐 0.7%，促长剂 0.1%。每 50 千克饲料添加干酵母 100 片，土霉素 20 片，钙片 20 片，多维素 5 克。

表 5-8　育肥猪每天所需消化能和可消化蛋白质

体重（千克）	计划日增重（千克）	0.1	0.2	0.3	0.4	0.5	0.6	0.7	0.8	0.9	1.0
10	消化能	5644	7585	9527	11468	13410	15351	17209	19234	21175	23317
	可消化蛋白质	37	58	68	84	99	115	33	144	161	177
20	消化能	8012	10087	12427	14352	16313	18389	20255	22539	24614	26690
	可消化蛋白质	52	68	75	101	118	134	151	167	184	200
30	消化能	9799	11950	14100	16251	18401	20552	22702	24853	27004	29112
	可消化蛋白质	63	80	96	115	132	146	166	183	200	217
40	消化能	11539	14091	16644	19196	21748	24301	26853	32141	31957	34510
	可消化蛋白质	74	95	105	135	156	176	196	217	237	257
50	消化能	12958	15887	18815	21744	24673	27225	30531	33459	36388	39317
	可消化蛋白质	83	107	130	153	177	200	223	247	270	293

续表

体重（千克）	计划日增重（千克）	0.1	0.2	0.3	0.4	0.5	0.6	0.7	0.8	0.9	1.0
60	消化能	13975	17125	20271	23426	26744	29727	32877	36028	34995	42330
	可消化蛋白质	90	116	130	165	191	216	241	266	291	316
70	消化能	14690	18083	21476	25079	28263	31656	35048	38443	41836	44392
	可消化蛋白质	91	114	138	161	184	207	230	253	277	300
80	消化能	15255	18757	22259	25744	29263	32765	36267	39958	43270	46773
	可消化蛋白质	94	118	142	166	182	213	237	261	285	309
90以上	消化能	15686	19577	23217	26983	30748	34514	38279	42045	42463	49576
	可消化蛋白质	97	122	148	174	200	225	251	278	303	232

注：表中单位：消化能为千焦；可消化蛋白质为克。

③体重 35～60 千克阶段。玉米 48%，麦麸（或大米糠）25%，花生饼（或豆饼）10%，淡鱼粉（秘鲁鱼粉）5%，松针粉 10%，过磷酸钙 1%，食盐 0.7%，赖氨酸 0.15%，蛋氨酸 0.05%，促长剂 0.1%。每 50 千克饲料添加干酵母 100 片，土霉素 20 片，钙片 20 片，多维素 5 克。

④体重 60～90 千克阶段。玉米 40%，稻谷 12%，麦麸（或大米糠）20%，花生饼 10%，淡鱼粉（秘鲁鱼粉）6%，松针粉 10%，食盐 0.7%，过磷酸钙 1%，促长剂 0.1%，赖氨酸 0.15%，蛋氨酸 0.05%。每 50 千克饲料添加干酵母 100 片，土霉素 20 片，钙片 20 片，多维素 5 克。

上述配方中促长剂，其配方如下：硫酸锌 12 克，硫酸铜 12 克，硫酸亚铁 25 克，硫酸锰 7 克，氯化钴 2 克，碘化钾 1 克，亚硒酸钠 0.1 克，硫酸镁 8 克，硫酸镍 5 克，柠檬酸 15 克，分解剂 0.6 克，去毒剂 0.45 克，脱脂骨粉 25 克。由于配方中的各种组分很难配齐，特别是分解剂、去毒剂货源更少，建议读者不要自行配制促长剂，可以邮购解决。

“百日出栏法促长剂”系梁忠纪先生总结多年快速育肥实践经验研制而成，含有 13 种矿物质元素，其中包括铜、锌、铁、锰、钴、碘、硒、镍等猪必需的微量元素，1987 年 11 月广西壮族自治区农牧渔业厅组织专家对“百日出栏法促长剂”进行了技术鉴证，有关部门对该促长剂授予批号允许生产。

六、仔猪的挑选与入栏前后处理

(一)仔猪的挑选

1. 体质外貌的选择

仔猪的品质可根据外貌、生长发育和生产性能来评定。在个体选择上着重外形评定。首先,要明确对猪体各部位的要求,通常应予注意的部位是头、颈、躯干、臂部和四肢。

(1)头颈部位　头部的形状和大小,代表猪的品种特征,并且可以遗传给后代。

①头部。头部大小与体躯相称,表示仔猪发育正常。无论头大身小或头小身大都表示发育不良,一般公猪的头比母猪大,而长白猪的头比其他品种的猪稍小。头的长度与身躯的长度呈正相关,如长白猪头长身体也长,产肉率高;短嘴巴的本地猪,头短身体也短。

②额部。额部或躯体的宽窄均与猪的早熟性呈正相关。一般额头宽的躯体也宽,发育较快。额头要平坦、略突,皱纹太多的表示老相,长速慢,也叫“小老头猪”。

③鼻嘴。俗话说:“嘴槽深,鼻长空。”如果嘴槽深,往往吃得多。鼻嘴过于短凹的猪,体质比较细弱,采食和放牧都不利。比较合理的猪嘴,要求叉口长,嘴形圆略扁,唇薄,上下唇齐平。这种猪不挑食,先吃稀后吃干,还要求猪的牙齿洁白,牙发黄表明长得不

好;门牙要有一定距离,太密表示体质弱。“鼻长空”是指鼻长没有毛病,要选鼻孔大的仔猪。

④耳朵。猪耳的大小和形状,也能显示品种特征。长山猪的耳大而薄,下垂或向前倾。耳皮薄,耳根鼓,表现早熟。

⑤颈部。颈部长短和厚度也与生长发育有关,它标志整个猪体的发育情况。颈部中等长、肌肉丰满且颈与头部及躯干衔接良好的猪,发育较快。母猪颈要细;公猪颈要粗短;肥育猪颈不要太粗。

(2)前躯部位　前躯部位,包括肩部、鬐甲、胸部、前肢,要求有发达的前躯。

①肩部。要求肩宽而平坦,肩胛倾斜。肩高的猪,胸部宽大发达,猪肩高腿也长,架子自然大,有利于快速育肥。肩宽不要超过臀部宽,肩中部不应狭窄。若肩宽超过臀部宽,一般是饱食母乳而不食饲料的仔猪。肩部狭窄,多是营养不良的表现。

②鬐甲。要平而宽,没有凹陷,鬐甲与背的结合部位也不要凹陷,否则表明发育不良。

③胸部。胸部宽而深的猪,心肺发达。这种猪呼吸和血液循环旺盛,生长发育快,能在短期内育肥。凡胸部狭窄,肋骨平直而短的猪,表示发育欠佳,生长不良。

④前肢。站立姿态要端正,开步行走有力,肌肉坚实,系部长短适中,不卧系,不拐肘,蹄形和大小正常,没有皲裂现象。

(3)中躯部位　中躯是指从肩胛骨后端的垂直线到腰角垂直线之间的躯干部分,包括背、腰等肉质好的部位。

①背部。是猪体长肉较多、肉质较优的部位。为了能生产更多的优质肉,要求背部平宽而直长。长白猪背线长,体侧长深,背呈弓形,脊梁宽阔。凹背一般是体质较弱的特征。一些老母猪或陆川猪等地方种猪也呈凹背。

②腰部。腰部应平直,长度适中,腰部与臀部衔接良好。

③腹部。猪的腹部要平直而紧凑，背线平直，尾着生部位高。大船板肚型的猪具有上述优点，其消化系统发达，不挑食，食量大，饲料的利用率和转化率高，增重快。如果腹下垂，则发育不良；背线凹陷则成熟后肩腰部肌肉发育差。尾附着部位低，则腕骨和大腿骨发育不良，臀部和大腿肉量也不多。"蜘蛛肚"型的仔猪，2～4月龄后就发育不良。

④乳房。母猪乳房发育要良好，无论公母猪有效奶头不要少于6对，应该排列匀称整齐，分布稀疏，最后一对奶头距离要开些，中间那对奶头如果对正肚脐，则仔猪抗寒力弱，容易患病。尖如钉状奶头不好。

(4)后躯部位　后躯是指腰角以后的部位，包括臀部、大腿、后肢和尾巴等。

①臀部。臀部要求长宽而平，或稍倾斜。臀部狭窄的"尖屁股"仔猪，成熟后腿及臀部肌肉发育不良，产肉不多。

②大腿。这是猪肉产量较高和品质较好的部位。对大腿部位总的要求是：厚、宽、长、圆，肌肉丰满。

③后肢。要求"后腿直、前胯松"。即猪的后腿应直而高，蹄距宽，膝头不要向内靠，若后腿弯曲过度，长到中猪阶段就会站立不起来。公猪的后肢要强健有力，采食时，后腿频频提起。"前胯松"，是指两个前腿间隔距离较大。

④尾巴。尾根要粗，如将尾尖毛刺手掌有针刺感为好。母猪的尾根最好能盖住阴户，公猪尾巴可略短。肉猪的尾巴不宜太长太粗，猪尾还可以显示猪的健康状况。健康的猪，尾巴往往卷一个圈或左右摆动，有病的猪尾巴大都下垂不动。

2. 选购无病仔猪的诀窍

①购买有耳号的猪。耳号指猪耳朵上的缺口，那是兽医注射预防猪瘟疫苗后，用耳号钳剪成的。这种猪不容易感染猪瘟等传

染病。

②不买“8月猪”。指尽量避免在农历8月上市场买猪。这期间各种猪病的发病率和死亡率很高,俗称“烂8月”。

③就近选购。若本地有理想的杂交仔猪,就在本地选购,在本村买更好。这样可以避免传染病及其他不良影响。

④最好选同窝猪。这样的猪买回来同圈饲养,长膘快。不同窝的猪容易发生互相殴斗、打架、追咬现象,影响仔猪生长。

⑤“抱重不抱轻”。指选购体重大的仔猪。50～60日龄体重达到10～15千克。断奶重越大,发育增重越显著。

⑥挑选眼亮有神、鼻镜湿润有汗、鼻孔清洁、肩隆脚粗、摇头摆尾的猪。这种猪生长良好,健康活泼。病猪往往眼睛发红或有眼屎,鼻孔干燥或流涕,口流涎,咽喉肿胀或发红发紫。

⑦挑选“皮薄、毛稀、肉嫩”的猪。这种猪被毛光滑油润,皮肤呈粉红色,体质好,长得快。“肉老、毛浓、皮厚”的猪,俗称“铁皮猪”,长得慢。病猪的皮毛粗乱无光。

⑧挑选呼吸自如且有节奏,叫声洪亮,站立平稳,来回走动,拱地寻食发出吭吭声,神态自若,睡姿为卧式且四肢舒展的猪。病猪往往叫声尖细、嘶哑或咳嗽,呼吸急促喘息,或鼻翼翕动,或呈腹式呼吸,身体震颤,喜拱食臭水污泥,发烧时多卧阴湿处,睡觉呈卷曲或伏卧状。

⑨选择粪便圆粗有光泽,尿量和颜色正常,体温为38～39.5℃的健康猪。病猪的粪便干结或稀烂,有鲜血或黏液,肛门周围有污物,尿少而色黄,体温在38℃以下或39.5℃以上。

⑩选择饱吃大肚的猪。这种猪胃口好,吃得饱。肚中无食的猪大都有病。

⑪挑选胸腹血管特别是乳腺静脉粗露明显,皮肤松弛,尾肛间距短的猪。试将仔猪两后肢倒提,如果腹底皮肤(乳房中间)频频向两边摆动,乳房两侧皮肤血管清晰,说明皮肤较松,脉管较大,体

况良好。

⑫选择无疥癣病的猪。

⑬正常猪的皮肤光滑而有弹性。若皮肤表面发现肿胀、溃疡、小结节时,必须查明原因。如果皮肤表面有多处红斑或针尖状小红点,指压不褪色的,表明该猪可能患传染病。

(二)仔猪入栏前后处理

1. 购进仔猪的处理

①购买仔猪后,让其排出部分粪尿,肚饿后才起运,以免运输时车辆颠簸而伤亡。一般上午买猪下午运,夏天最好晚上运。

②仔猪在运输途中有时会出现应激症而突然死亡,特别是长白杂交一代猪,往往发生这种情况。可在运输前给每头猪注射 2 毫升氯丙嗪(冬眠灵)。

③运输途中,特别是在炎热夏季仔猪容易中暑,嘴中冒出口沫。遇到这种情况,立即向猪鼻孔喷白酒或食醋,不久猪会自动好转(如果患其他疾病,另法救治)。

④有的猪经过长途运输而患伤风感冒,待运到目的地,每头猪注射青霉素 120 万单位和链霉素 50 万单位。

⑤市场上有些卖主在出售前给仔猪灌喂水泥粉或沙砾,猪吃后粪便不易排出,因而体重增加。遇到这种情况的处理方法:每头猪先用 50～90 克硫酸钠冲水溶解后灌服,或用 100～150 毫升食醋灌服,或用 90～100 毫升液状石蜡油灌服;经上述处理后 5 小时注射新斯的明 1～2 毫升;为了使仔猪尽快排粪,可用温肥皂水 500～700 毫升灌肠;然后喂给青料如红薯藤、苦荬菜、象草等,待猪康复后,按常规饲养。

⑥有些卖主事先把仔猪喂得很饱,随即注射阿托品,使其不拉大小便而增加活重。遇到这种情况,每头仔猪皮下注射毛果云香

碱(匹罗卡品)0.5～1.5 毫升即愈。

2. 仔猪入栏初期的饲养管理

从集市上新买进的猪，尤其是仔猪，在头一个月内很容易发病或死亡，这是因为猪上市前一般畜主让其吃得很饱，捉进猪笼后，经过担抬、乘车、交易、过秤和防疫注射，到新畜主家后，环境、饲料、饲喂方法有明显改变，猪一直处于高度紧张状态，导致机体各系统相应的机能紊乱，抗病力降低，易诱发或继发以高热、便秘、下痢为特征的疾病。加上来自四面八方的猪聚集市场上，难免造成疾病传播。因此，对新买进的猪要求采取综合防治措施以减少发病及死亡。具体做法如下。

①新买的种猪单独饲养 15～30 天，若无疫病发生，才和其他猪混养。

②买进猪的第 1 天，喂 1 次 0.1%的高锰酸钾水溶液，1 周内充分供给温开水饮用。

③新猪进栏后要让其饿 2～3 天。第 3～4 天开始喂饲，第 1 餐为青饲料，同时调喂生料。青料数量要充足并注意清洁。

④饲料中添加土霉素粉，每头猪每天添喂 0.4～0.8 克。连喂 2～3 天后，进行猪瘟预防注射。5～7 天后注射猪蓝耳病、猪丹毒、猪肺疫等疫苗。如果没有土霉素，用诺氟沙星或磺胺二甲基嘧啶按 0.02%的比例拌料喂服。

⑤发现猪有喘气病，可用卡那霉素每天注射 1 次，每头 5 毫升，连续注射 3～5 天。

⑥第 7 天投药驱虫，用盐酸左旋咪唑每 10 千克体重喂 2 片，或者按 10 千克体重用 5%左旋咪唑溶液 1 毫升进行驱虫。

⑦第 8 天每头猪喂韭菜 1 千克、白酒 300 毫升，俗称“换肚”。

⑧第 9 天喂大黄苏打片健胃，每天 3 次，每头每次 2 片，研碎拌入饲料中。再喂 1 碗骨头汤滋补元气，然后转入正常喂食。

七、百日出栏养猪法的技术要点

(一)圈舍消毒

入栏之前,要做好房舍修整工作,做到防漏、防雨淋;打扫环境卫生,清除粪便、杂草;用2%来苏儿掺水冲洗地面和墙壁;再用20%石灰水喷洒墙壁消毒。

(二)饲料准备

在猪重20~30千克阶段所喂的饲料,与哺乳期喂的饲料不可相差太大。一般断奶后10天喂的饲料和断奶前基本相同,第11~20天开始增加辅料,第21~30天适当增加辅料喂量。一般在购买仔猪前,要准备好够1个月使用的哺乳期饲料。饲料质量要相对稳定,辅料用量要逐渐增加,以增强胃肠消化功能。

(三)选择良种

仔猪质量对育肥期增重效果、饲料利用率和抗病力影响较大,最好是自繁自养。如果到集市上选购,则按照"仔猪的挑选"部分所介绍的方法实施。

(四)仔猪运输

运输管护与成活率关系很大。有人卖仔猪前在饲料中添加糖或味精,让仔猪吃得很饱。如果买了这种仔猪马上装车起运,容易伤胃,仔猪很难恢复正常。远途运输仔猪时,刚启程 1～2 小时内,车速要慢些;2 小时之后才开中速,不可开快车,否则仔猪容易脱肛。夏季趁清早起运和傍晚运行,中午酷暑时分应停歇于阴凉处。下雨、下雪天不宜运输。汽车、拖拉机运输仔猪时都要用木板搭架,分层关放,防止互相挤压死亡。

(五)适时去势

无论是公母仔猪,凡作育肥用的均要阉割。如果仔猪去势日龄过大,则刀口流血多,必须注射抗生素 1～2 天,每天 2 次。新猪买进半个月后,才进行阉割。

(六)预防注射

自繁自养的仔猪,在 30 日龄前要进行猪瘟、猪蓝耳病、猪肺疫、猪丹毒及仔猪副伤寒等疫苗的预防接种。在市场上购买或从外地引进的仔猪,无论预防接种与否,到家饲养 10 天后,都要再注射 1 次预防针。

(七)驱虫健胃

生猪经常接触地面,加上喂用生料,故必须在仔猪断奶后 1 个月驱除体内寄生虫。驱虫药物均有一定的毒性,若使用不当,极易造成猪中毒死亡。为了确保猪的安全和驱虫取得满意效果,必须注意以下几点。

第一,驱虫前进行粪便检查,或根据寄生虫病的流行病学及普查资料,确定哪些是严重危害猪和感染率高的寄生虫,做到有的放矢,然后选用疗效好、毒性低、使用简便、价格低廉和容易买到的广谱驱虫药。

第二,体质弱且有病的猪不宜使用驱虫药,应当对症治疗和加强饲养管理,待猪病愈体质好转才进行驱虫。

第三，要严格控制剂量，尽量做到准确无误。用药量按体重大小来计算。在生产中一般用眼估法测重。必要时可按下列公式估算：

猪重（千克）＝胸围×胸围×体长÷15200

式中，胸围和体长均以厘米为单位。“胸围”指前腿后部位胸廓周围的长度；“体长”指从头顶到尾根的长度。

例如，有1头猪的胸围长度110厘米，体长135厘米，那么这头猪的大约重量为：110×110×135÷15200＝107千克。

第四，为了防止发生药物副反应，可将驱虫药分2次投喂：第1次服规定剂量的一半，隔1天再投另一半。为了让猪都能按剂量吃足药物，宜让猪先饿12小时才喂。为了防止猪吃药后呕吐，拌有驱虫药的饲料只喂半饱（刚好吃完槽内饲料）就行了。

常用的驱虫药有下列几种。

①盐酸左旋咪唑。每千克体重用量为8毫克，拌入饲料中喂服。

②敌百虫。每千克体重0.1克，混入饲料中喂服，服前绝食12小时。若发生中毒，用硫酸阿托品1～3毫升，1次肌内注射即可。敌百虫水溶液应现用现配，以免静置时间过长而水解失效，尤其不能与碱性物质（如小苏打之类）混合。

③驱蛔灵。每千克体重用量0.11克，拌入饲料喂服。

④驱虫净。每千克体重用量20毫克，拌入饲料喂服；或每千克体重用10～15毫克，配成10％水溶液，颈部肌内注射。

⑤使君子。炒成黄色，捣碎混入饲料喂服。每头仔猪用14～20枚，分2～3次服完。

仔猪如患疥癣，应及时治疗：用2千克敌百虫粉剂溶于100千克温水配成水溶液，对患猪全身及猪栏各处喷雾并更换垫草。如喷1次未愈，隔一周后再喷1次；也可用废机油涂擦患部。

(八)创造适宜环境

1. 群居环境的控制

(1)合理组群　肥育仔猪要按杂交组合、体重大小、体质强弱和采食习惯相似的原则组群,以利于形成良好的群居秩序。可避免大欺小,强欺弱,小的吃不到饲料,发育不良,甚至形成僵猪等现象。

群体分组以后,除个别猪在饲养过程中过于孱弱,必须剔除出另栏饲养外,一般应保持稳定,不要随意变圈拆群,以免仔猪争食斗殴。

确实需要并圈时,最好把弱猪留在原圈,或把较强的猪移至另栏;或把较少的猪留在原圈,把其他群体并入;或把两圈猪并群后赶入第 3 圈饲养。并群要在夜间进行,并加强看管,除给并群猪喷洒白酒、来苏儿溶液外,还要派专人守在圈边,发现咬斗,立即将强者驱走。一般须维持 2~5 天才能实现全群融合。

(2)做好调教工作　对新购进的仔猪,首先做好"三角定位"调教,让其吃、睡、拉各在一角。猪进栏前,在栏内安排较高处为睡觉场所,预先放一些垫草,猪熟悉后就会在那里成群睡下。在进食的地方固定放置猪槽,其中备有饲料。在低处近排粪尿口,放 1 块猪粪,只要有猪在此处排便,其他猪就会跟着在同一地点大小便。根据猪在喂食前后和刚睡醒即排便的习性,可用扫帚把猪赶到规定处排便。晚上 7~8 时、午夜 11~12 时和清晨 4~5 时各赶 1 次。这样 3~7 天便可调教好。

还要调教猪吃食的秩序,防止强夺弱食。新猪入圈时,要备有足够的饲料槽和水槽;对霸槽的猪要勤赶,使不敢靠近饲槽的猪得到采食槽位。经过一段训练后猪群就会养成分开排列、同时上槽采食的习惯。

(3)注意饲养密度和猪群的大小　多年实践证明，当饲养密度增大时，猪的平均日增重和饲料转换率都下降。究竟多大密度既不影响猪的生长，又可提高猪舍的利用率呢？采用百日出栏法猪舍利用率高，一般每圈饲养 8～12 头，每头占用面积 0.8～1.2 平方米为宜；当每头猪占用面积小于 0.6 平方米时，日增重和饲料利用率将明显降低。

即使圈养密度相同，往往小群比大群的生产指标高，小群饲养较大群饲养的生长育肥猪，能提早出栏 30～40 天。

猪群大小：工厂化养猪，一般每群 30 头为宜；农户养猪，以小群为宜，每圈不超过 10 头。

2. 猪舍小气候的控制

影响猪舍环境的主要因素是温度、湿度、光照、空气新鲜度，其中温度最为重要。

①温度。猪是恒温动物，正常体温 38～40℃。如果环境温度不适宜，猪体内耗氧量就会成倍增加，进食的饲料养分大都被消耗掉，不利于增重。必须选择适宜的临界温度饲养肉猪：体重 60 千克以下的，16～22℃(最低 14℃)；体重 60～90 千克的，14～20℃(最低 12℃)；体重 90 千克以上的，12～16℃(最低 10℃)。南方地区的 3 月、4 月、5 月、10 月、11 月气温均接近临界温度。

②湿度。如果温度适宜，猪对湿度适应力很强，湿度从 45％增至 95％对增重影响并不大；但低温时湿度大是有害的。猪舍湿度一般以 45％～75％为宜。

③光照。强烈光照会影响肉猪休息和睡眠，建造育肥猪舍时，最好创造阴暗的环境，仅在饲喂时用灯光照明，使猪养成灯亮就来采食、灯一灭就睡觉的习惯。这样有利于增重和提高饲料利用率。

④空气新鲜度。如果猪圈内空气潮湿污浊，二氧化碳、氨气和硫化氢等有害气体含量过高，会严重影响肉猪的食欲、健康和生

长,常引起呼吸系统和消化系统疾病。所以封闭式的猪舍要经常注意通风换气,保持舍内空气新鲜和温度、湿度适宜。肉猪舍有害气体的限制指标是:二氧化碳不超过 0.2%,氨不超过 0.02 毫升/升,硫化氢不超过 0.015 毫克/升。

⑤备足清洁饮水。水参与猪对各种养分的消化、吸收、运转,废物的排出和体温调节等活动,供水不足猪就长不好。夏季要供给猪相当于饲粮重量 5 倍的水,冬季也要供 2～3 倍量的水。

(九)改进育肥方式

百日出栏养猪法改传统的“吊架子”育肥法为“直线”育肥法。这种方法,虽吃精料多,但增重快,育肥期缩短,算全年总账,经济效益好。

所谓“吊架子”育肥法,是指育肥前期(长架子期)主要喂青粗料,补充少量精料;后期作为催肥期,减少青粗料,加喂大量以碳水化合物为主的精料。这种育肥法的弊病:一是由于前期饲料能量和蛋白质水平低,限制了肌肉生长,而后期正当脂肪生长强度大时给予能量饲料,促进了脂肪沉积,使出栏肉猪的胴体脂肪多而瘦肉少;二是饲料利用不经济。猪摄食饲料得到的能量,用于维持生命和生长,前者所消耗的能量基本上是恒定的,当猪摄食的能量少时,用于生长的那部分能量相对减少,增重就慢,饲料利用不经济。

所谓“直线”育肥法,就是对猪在 20～35 千克、35～60 千克、60～90 千克 3 个阶段,均给予足够的营养,直至出栏。采用这种方法,猪生长快,平均日增重 0.75 千克以上;断奶后养 100 天,活重可达 90～110 千克。其技术要点如下。

1. 全期充分供应营养

按猪 3 个阶段计算好日粮配方,配成全价饲料,根据计划日增重(一般小猪要求日增重 0.5～0.7 千克,中猪 0.8～1 千克),每天给予足够饲料，猪能吃多少就喂多少，全育肥期始终保持营养充足。

2. 后期实行催肥

当断奶仔猪养到第 80 天，活重 60～70 千克，便进行出栏前 20 天的催肥。这个阶段平均日增重高达 1.5～2 千克，到第 100 天活重可达到 90～110 千克而出栏。具体做法如下。

①按每 5 千克体重用 1 片“敌百虫”给猪驱虫。先用温水将药片溶化，拌入饲料中喂猪。喂前让猪绝食 1 天。喂饲不要太饱，以免呕吐。

②驱虫后第 3 天添喂大黄苏打片 8～10 片（每头猪用量，下同），1 次或 1 天喂完。

③第 5 天添喂小苏打片，用 6～9 片拌料，分早、中、晚 3 次喂完。

④第 7 天添喂韭菜拌白酒，韭菜 1 千克拌白酒 300 毫升，分 2～3 次喂完。

⑤在原来日粮基础上每餐添喂催肥饲料。其配方是：咸鱼（或咸鱼粉数量减半）、骨粉、花生饼（或豆饼）和黄豆各 3 千克，猪板油 1 千克（煎成油），糯谷 7.5 千克（或糯玉米、木薯粉，均炒熟），红糖（或白糖）1 千克，喹乙醇 2.5 克，陈皮 25 克（研成粉），神曲 10 克左右（中药店有售），麦芽或稻谷芽（用小麦或稻谷发芽）25 克（研成粉）。

制法：先将糯谷炒开花，黄豆炒熟，连同咸鱼、花生饼（或豆饼）粉碎，然后加猪板油、骨粉、红糖、喹乙醇、陈皮粉、神曲和麦芽拌匀，分成 20 等份，每日喂 1 份，分 3 餐添加于日粮中。连喂 20 天即可出栏。

(十)改进饲喂技术

1. 饲料粉碎细度

玉米、高粱、大麦、小麦、稻谷等谷物饲料,都有硬种皮或兼有粗硬的壳,喂前必须粉碎。这样可减少猪咀嚼所消耗的能量,也利于消化吸收。谷物粉碎的细度,以微粒直径1.2～1.8毫米的中等粉碎程度为好,猪吃起来爽口,采食多,增重快,饲料利用率高。

青饲料、块茎、块根及瓜类,可粉碎打浆拌入配合饲料中喂猪。

干粗饲料一般均应粉碎,而且以细为好。虽然粉碎不能明显提高消化率,但能缩小体积,改善适口性,对整个饲粮的消化有利。

2. 饲料要生喂

必须改熟喂为生喂。农村有煮料喂猪的习惯,总以为熟食比生食好,岂不知许多饲料经过煮熟后,氨基酸和维生素等营养成分被破坏,营养价值反而降低。比如,玉米粉、木薯、大米煮熟喂猪,100千克只相当于89千克生喂料的饲养效果。猪的饲料消化率与饲料的生、熟没有多大关系。

据上海畜牧兽医研究所报道,用生料喂母猪,其哺乳仔猪1个月龄体重要比喂熟料的平均多增重0.73千克;到60天断奶时要比喂熟饲料的平均多增重3.39千克;肉猪喂生饲料也比喂熟料的平均多增重3.84%。生喂还可省工、省燃料,饲料中的维生素可免受高温破坏,还能杜绝因饲料调制不当而发生的某些中毒病。

3. 生喂料的调教方法

最初3天生喂时猪不习惯,采食少,甚至不吃。为此,每天宜用2/3熟料加1/3生料饲喂;第4～5天,每天用1/3熟料加2/3生料饲喂;到第6天全都喂生料。这样调教,猪就能逐渐适应。

4. 饲料调制方法

按照饲料配方计算结果，将各种饲料按规定用量过秤，粉碎，拌和，拌和时要注意，有些药物不能直接接触（如多维素不能与矿物质添加剂直接接触；蛋氨酸和赖氨酸也不能直接同矿物质添加剂接触），必须分别用部分饲料作扩散剂，然后混合拌匀。当鱼粉的含盐量已达到配合饲料标准时，不再另加食盐。当利用动物肉体的内脏时，必须经过煮熟、焖烂或高温消毒处理后，才能作饲料。当利用含水分多的南瓜、红薯、胡萝卜等作饲料，应煮熟，并在拌入粉料前尽量挤去水分，否则会使饲料过湿而影响采食或引起下痢。根据饲料是否掺水，可分为下列调制方式。

（1）干粉料　将饲料粉碎后，不经掺水处理就直接喂猪，适合于自由采食、自行饮水的饲喂方式。笔者主张推广这种喂养法。开始猪可能不愿吃，只需先饿它 2～3 天，就会吃了。

但饲料不要粉碎得过细，否则易粘舌而难下咽，也容易撒出饲槽造成损耗。

（2）湿拌料　把干粉料加水拌匀，按加水量多少分为稠料与稀料。

稠料：把配合好的全价饲料（干粉），按一定比例掺水，以利于猪的采食，缩短饲喂时间，避免舍内饲料粉尘飞扬。通常按料、水比例为 1∶0.5 或 1∶1，调成半干粉料或湿粉料，地面撒喂。当料、水的比例加大到 1∶(1.5～2)时，即成浓粥料或稀粥料，需专设饲槽喂给。

稀料：料占水的比例超过 1∶2.5。这种料喂猪弊病很多：一是饲粮水分大，营养干物质很少，影响猪的生长；二是稀汤灌大肚，排几次尿后猪就感到饥饿而烦躁不安，跳圈拱墙；三是稀料冲淡消化液，降低各种消化酶的活性，影响饲料的消化吸收。这种喂饲方式必须改变。

5. 饲喂方法

①不限量饲喂。即饲槽中经常备足饲料，让猪自由采食，以利于增重。

②给料给水。猪舍内设喂料槽、饮水槽，喂料槽放干粉料或湿粉料，饮水槽放充足的干净水。夏季喂湿料时要现拌现喂，以避免饲料发酸。

③日喂次数。幼猪每天喂4～5次，中猪(35千克以后)可减少饲喂餐数，如果是精料型的，日喂3～4次即可；如果饲料含较多的青料、干粗料或槽渣类，则日喂4次。

饲喂时间应在猪食欲旺盛的时候，如夏天喂2次，以早上6时和下午6时饲喂为宜。每餐间隔时间，应尽量保持均衡。

(十一)适时出售

有些农户爱养大猪，活重达200千克以上还不出栏，这样并不经济。从猪的发育规律来看，前期生长较快，日增重达到高峰。高峰期后增重下降，继而生长缓慢，甚至停滞。我国的地方猪种，当肥育猪体重超过100千克时，不仅饲料报酬降低，维持生存所需要的能量也大大增加。一般说来，生猪活重达100千克左右时屠宰最适宜，屠宰率可达75%，净肉率66%，经济效益高。

(十二)实行“全进全出”

实行“全进全出”是指同一品种或品系的仔猪同时进栏，通过同期饲养，使其体重基本接近，最后同期出栏。采用“全进全出”制，有利于对猪群采用营养全面、规格一致的配合饲料，提高饲料利用率；有利于提高日增重和出栏率；有利于做好消毒和猪病防治工作；有利于组织肉猪的调运和加工，也有利于合理利用栏舍和其他设备，便于组织成本核算，全面提高经济效益。

要做到“全进全出”,必须选择品种规格一致的良种猪或最优配套杂交组合的杂交猪。仔猪进栏时要体重大小均匀一致,按照不同生长阶段的营养需要,实行标准化饲养,并加强管理,做好疾病防治工作。

八、塑料暖棚养猪技术

北方地区冬季漫长寒冷，没有保温措施，养猪白搭饲料不增重，给养猪业造成较大经济损失，而塑膜暖棚养猪解决了北方养猪生产的这一重大难题。

(一)塑膜暖棚猪舍利用原理

(1)充分利用太阳能，提高舍内温度　有资料介绍，在温带地区冬季白天，每平方厘米的地表面，每分钟可获得太阳能 41.84 焦耳左右。在太阳光中有 75%的可见光、5%的紫外线和 45%的红外线可透过塑料膜照入舍内，并在舍内积蓄。在夜间，蓄积在舍内太阳能以波长 3.0～10.0 微米的长波红外线方式向外释放。据测试，晴天的夜晚，地表面释放热大部分阻止在舍内。这种长波辐射的透过率 10%，也就是说尚有 90%的地表辐射热被阻止在舍内。

(2)利用猪体温与塑膜相互作用，能增高舍内温度　猪摄入饲料后产生一定的热量，不断以辐射、对流传导和蒸发等方式向外扩散。在塑料棚舍内，这部分热能的大部分被阻止在舍内，可提高舍内温度。

(3)利用塑料膜封闭性，可以减缓舍内寒冷气流对猪体的影响　塑料膜透气性差，封闭性能好，利用塑料棚饲养猪可减少舍内风速。据测试，塑料棚猪舍内的旬平均风速为 0.16 米/秒，而在同一时间敞圈内的旬平均风速为 2.2 米/秒，可见在塑料棚内，猪体的对流散热量减少，控制或减缓了寒冷气流对猪体的不良影响，降低了猪的维持需要。

(4)利用热压换气原理,进行自然通风　由于塑料棚舍内温度高,与棚外温差又较大,使变轻的热空气聚集在棚顶附近。当把设在棚顶部的排气口和设在圈门处的进气口打开时,根据热压换气原理,热空气(污染空气)由排气口排出,新鲜空气由进气口进入。这样不仅可以达到通风换气的目的,还可有效地调节舍内温度,降低舍内有害气体的含量。

(二)塑膜暖棚建筑模式

(1)塑膜暖棚猪舍地址选择　地址要选择在地势高燥、背风向阳,无高大建筑物遮蔽处。坐北向南或稍偏东南,交通方便,水源充足,水质良好,用电方便,远离主要公路干线,便于防疫。

(2)棚舍的入射角及塑膜的坡度　塑膜暖棚的入射角是指塑料薄膜的顶端与地面中央一点的连线和地面间的夹角,要大于或等于当地冬至正午时的太阳高度角。塑膜的坡度是指塑膜与地面之间的夹角,应控制在55°～60°,这样可以获得较高的透光率。

(3)建筑材料的选择　修建塑膜暖棚的材料可因地制宜,就地取材。墙可用砖或石头等砌成,圈外设贮粪池。后坡棚顶可用木板、竹子、板皮、柳条等铺平,上面铺以废旧塑膜、编织袋、油毡等,再用黄泥掺麦草或锯末抹平,上面盖瓦或石棉瓦等。棚支架可用木材、竹子、钢筋、硬塑等。棚杆间距0.5～0.8米为宜。

(4)通风换气口的设置　塑膜暖棚猪舍的排气口应设在棚顶部的背风面,高出棚顶50厘米,排气孔顶部要设防风帽。猪舍进气口应设在南墙或东墙的底部,距地面5～10厘米。进气口面积为出气口一半。也可不设进气口,通过门进气。一般面积为16平方米的猪舍可养肥猪10～12头,可设置25厘米×25厘米的排气口一个。

(5)塑膜暖棚猪舍的模式　棚舍建造尺寸一般为,猪舍前高1.3～1.5米,后高1.7米,脊高2.5米,内部总跨度5米(断面见

图 8-1)，猪舍长度视饲养规模而定。门设在猪舍背风一侧，规格为 1.65 米×0.8 米，每间猪舍在后墙高 1 米处留 0.4 米×0.3 米通风窗一处，夏季通风，冬季关闭。每间顶部设 0.25 米×0.25 米的排气口一个。猪舍后部为饲喂通道，用砖或铁栅栏将通道与猪舍隔开。水泥地面、坡降为 0.5%，前坡长，冬季扣塑膜；后坡短，为保温棚顶。

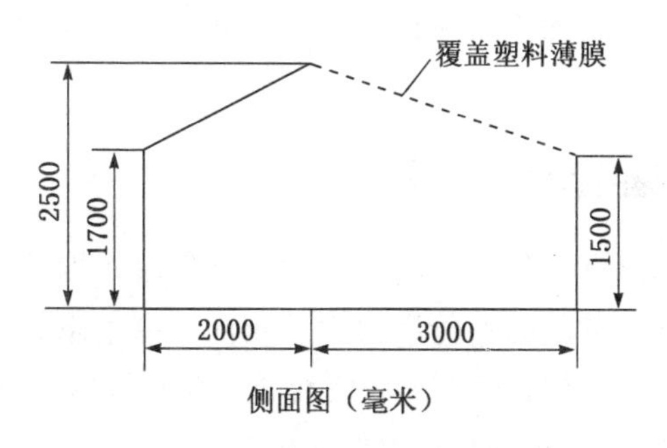

图 8-1 塑料暖棚猪舍侧面示意图

(三)塑膜暖棚猪舍的管理

(1)选好扣棚用塑膜 在选好舍址的基础上，棚舍能否发挥更好的作用，选用塑膜是关键环节之一。选择塑膜要按建棚标准选择，并要注意选择无毒膜。扣膜时无论是新建舍，还是在原有旧舍基础上改建，均应采取有效措施，确保棚舍是严密的。在塑膜与地面(墙)的接触处，要用泥土压实，防止贼风进入，发现破漏时及时粘补。

(2)适时扣棚和揭棚 东北地区适宜扣棚时间为 10 月下旬至翌年 3 月。进入 3 月外界气温逐渐回升，应逐渐扩大揭棚面积，且不可一次性揭掉，目的是防止畜禽发生感冒。

(3)做好保温工作 塑膜暖棚一般只苫一层塑膜，在北方寒冷季节里，保温还是不行的，为了提高塑棚保温效果，还必须备有草帘或尼龙保温布，将其一端固定在棚的顶端，白天卷起来固定在棚舍顶端，晚上覆盖在塑膜的表面，起到保温作用。同时还要经常巡视棚外有无破裂及漏洞，保持塑膜清洁，并经常清扫塑膜上的灰尘，以免影响透光率。

(4)适时通风换气　棚舍内中午温度最高，并且舍内外温差较大，因此，通风换气应在中午前后进行，每次换气时间以10～20分钟为宜，通风时间的长短，因猪只大小及有害气体的水汽含量的多少而定。

(四)饲养管理配套技术

(1)选择优良猪种　猪的生产性能高低首先取决于自身的遗传潜力，不同品种猪的遗传潜力大不相同。在生态养猪过程中必须实现良种化，最好是选用生长发育快、早熟、抗逆性强的杂交种，如杜×本、长×本、杜×长×本杂交猪等。

(2)合理喂饲

①科学搭配饲粮。根据当地饲料资源、生长肥育猪的营养需要和饲养标准，确定其饲料种类进行加工配合。应彻底改变那种有啥喂啥的传统方法，实行全价饲料喂养。

②合理调制饲料。猪的饲料只有经过科学加工调制，才能提高饲料利用率。如粉碎的谷物比整粒的谷物、颗粒料比粉状料均可提高利用率5%～10%，玉米等谷物饲料的粉碎细度以中等程度(直径为1.2～1.8毫米)为好。青料打浆饲喂比切碎喂消化率可提高3%左右。粗饲料粉碎发酵饲喂，可提高适口性和消化率。

③饲料要生喂、干喂。我国农村养猪大都习惯熟料稀喂。此法有不少缺点，应提倡生喂或干喂，这样饲喂不但可以克服熟料稀喂的缺点，而且可以把饲料制成干粉料、颗粒料等各种形态的全价料，便于运输和保存。非粉状饲料可直接投入饲槽内让猪采食；粉状饲料既可干喂，也可用水按水料比1∶1拌成湿料投入饲槽

喂。拌湿料时千万不能过稀。其标准为:用手握住湿料时,指缝间不滴水,松手后料自然散开。湿料拌后不宜立即喂猪,否则达不到软化饲料的目的;也不宜停放时间过长再喂,因为这样可使水溶性维生素失效。一般适宜时间为 2～4 小时。

④饲料限量饲喂。为了节省饲料,提高饲料转化率和胴体质量,活重 65 千克以上的肥育猪可采用两种限制食量方法:一种是将原饲喂的高能饲粮的饲喂量减少到随意采食量的 90%～95%;另一种是在饲粮中加入适量的优质青干草粉,使原高能饲粮降为低能饲粮,让猪随意采食。

⑤饲料不限量饲喂。此法适于商品猪饲养前期肥育。若机械化养猪,即把按标准配合的饲料,一般 7～10 天给自动饲槽内投装一次,任猪自由采食,不加限制;手工操作,经常添料,保持饲槽常有料。这样可以充分发挥猪的生产潜力。

⑥饲料少给勤添,先粗后精。猪喜吃鲜食,饲喂时少给勤添,一般日喂 3～4 次。每次喂猪时先喂青饲料,后喂精料,这样可以增加猪的食欲。

⑦供给充足的饮水,并保证清洁无污染。

(3)科学管理

①合理分群。应根据猪的性别、体重、体质强弱等情况分群饲养,一般每群以 10～15 头为宜。

②正确调教。调教在小猪一进暖棚就开始,平时应与猪多接近,采取以食引诱、触摸抓痒、温和呼唤等方法进行调教。这样猪就会逐渐形成排泄、采食、睡觉三定位,减少污染。

③严格控制棚舍内的温、湿度。在 10 月末至 11 月初要及时扣好暖棚;在冬季最冷的几天内,当舍内温度低于 10℃时,可适当生火加温。猪舍内饲养密度大,冲洗猪舍经常用水,若不注意,容易造成猪舍内湿度过大。因此,排湿也是暖棚养猪的关键一环。应采取适当通风措施,保持舍内 60%～70%的相对湿度。

④保持适当的饲养密度。幼猪每头占 0.3～0.5 平方米，成年猪每头 1.0～1.2 平方米，不能过于拥挤，一般每圈养 10～12 头猪较为合适，同时，要及时将棚圈内个体发育小的猪挑出来，另行饲养，每圈的猪体重不能超过太大。

⑤搞好卫生防疫。建立健全卫生防疫消毒制度。猪在入棚前，要将棚舍清扫干净，并对地面、墙壁进行彻底消毒，除用消毒药水喷洒地面和墙壁外，还可用甲醛熏蒸消毒，按每立方米容积用甲醛 30 毫升、高锰酸钾 15 克进行封闭熏蒸 1～2 小时。棚舍入口处增设石灰池，加强消毒，消毒液每周更换一次。圈舍每半个月用常规消毒药水进行一次消毒。另外，仔猪一般在断奶后 20 天进行一次驱虫，以后每隔 2 个月或体重每增加 40 千克驱虫一次。

幼猪入棚后，每天清扫粪便两次，以防粪便堆积发酵，产生有害气体，影响猪的生长发育。

暖棚养猪一般每年进行春秋二季防疫，注射各种传染病疫苗，对肥育肉猪进行一次疫苗注射。肥育猪出栏后，彻底消毒。

⑥注意观察。一方面注意猪的食欲和行为；另一方面要注意观察猪的粪便和卧息姿势。发现异常，应尽快进行诊治。

（4）适时出栏

①品种不同，出栏时间不同。一般说早熟型品种应早出栏，而晚熟品种应晚出栏。

②掌握增重规律，确定出栏时间。生长肥育猪随着体重的逐渐增大，其增重速度加快。当体重达到一定程度时，其增重速度缓慢，这时应及时出栏。

九、不同季节养猪的管理特点

春夏秋冬，气候变化很大，只有掌握客观规律，加强季节性饲养管理，才能有利于猪的生长发育。

（一）春季防病

春季气候温暖，青饲料幼嫩可口，是养猪的好季节。但春季空气湿度大，温暖潮湿的环境给病菌创造了大量繁殖的条件，加上早春气温忽高忽低，而猪刚刚越过冬季，体质较差，抵抗力较弱，容易感染疾病。因此，春季也是猪疾病多发季节，必须做好防病工作。

在冬末春初，对猪舍要进行一次清理消毒，搞好猪舍的卫生并保持猪舍通风透光，干燥舒适。寒潮来临时，要堵洞防风，避免猪受寒感冒。

消毒时可用新鲜生石灰按 1∶(10～15)的比例加水，搅拌成石灰乳，然后将石灰乳刷在猪舍的墙壁、地面、过道上即可。

春季还要注意给猪注射猪蓝耳病、猪瘟、猪肺疫、猪丹毒等各种疫苗，以预防各种传染病的发生。

（二）夏季防暑

夏季天气炎热，而猪汗腺不发达，尤其育肥猪皮下脂肪较厚，体内热量散发困难，使其耐热能力很差。到了盛夏，猪表现出焦躁不安，食量减少，生长缓慢，容易发病。因此，在夏季要注重做好防暑降温工作：打开通气孔和所有门窗进行通风，运动场要搭棚遮阳；经常向猪舍地面和猪身喷洒凉水降温；在猪舍一角设浅水池让猪自动到水池内纳凉；保证供给足够的凉水供猪饮用；多喂青饲料，适当少喂高热能饲料，不喂发霉变质的饲料；驱杀蚊蝇；经常备些防暑降温药物。

（三）秋季肥育

秋季气温适宜，饲料充足，品质好，是猪生长发育的好季节。因此，应充分利用这个大好时机，做好饲料的储备和猪肥育催肥工作。

（四）冬季防寒

冬季寒冷，为维持体温恒定，猪体将消耗大量的能量。如果猪舍保暖，就会减少这个不必要的能量消耗，有利于生长肥育猪的生长和肥育，提高饲料报酬。

在寒冬到来之前。要认真修缮猪舍，用草帘、塑料薄膜等把漏风的地方遮挡堵严，防止冷风侵入。在猪舍内勤清粪便，勤换垫草，用温食盐水喂猪，改稀喂为干湿喂（料水比为 1∶1）和生料喂，避免尿窝，并适当增加饲养密度，保证猪舍干燥、温暖。

十、生猪常见病及防治

(一)传染病的传播、感染与发病

凡是由病原微生物引起、具有一定的潜伏期和临床症状并具有传染性的疾病称为传染病。各种传染病的发生,虽然各具特点,但也有共性规律,均包括传播、感染、发病 3 个阶段。

1. 传染病的传播

猪传染病的传播扩散,必须具备传染源、传染途径和易感猪群 3 个基本环节,如果打破、切断和消除这 3 个环节中的任何一个环节,这些传染病就会停止流行。

(1)传染源　传染源是指病原微生物的来源,是携带并排出病原体的猪只,包括病猪和病原携带猪。对于人畜共患传染病,还包括人和其他携带病原体的动物。

病猪能够向外界排出大量的病原体,所以对病猪要严格隔离、消毒。死亡的病猪在一定时间里尸体内仍有大量的病原体存在,处理不当可造成病原体散播。

病原携带猪指外表无症状,但能够携带和排出病原体的个体。一般来说,它排出病原体的数量少于病猪。有少数传染病在潜伏期能排出病原体,如狂犬病和猪瘟等;也有的传染病处在恢复期时仍能排出病原体,如猪气喘病;有时健康无病的猪也可携带、排出某种病原体,这是隐性感染的缘故,如健康猪可分离到巴氏杆菌、沙门菌等。因此,在生产中,引入新的携带病原的猪常常会给猪群带来新的疾病，并在全群中迅速传播。由于病原携带猪可以间歇地排出病原体，所以引进猪时要经过多次病原学检查诊断为阴性后才能确定为非病原携带者，并在与原有猪群混群前，经过一定时间隔离观察。

(2)传播途径　传播途径是指病原体由一个传染源传播到另一个易感体所经由的途径。按病原体更迭宿主的方式，可分为垂直传播和水平传播。

①垂直传播。垂直传播是指病原体由母猪卵巢、子宫内感染或通过初乳传播给仔猪的传播方式，常见的传染病包括猪瘟、猪细小病毒感染、先天性震颤、脑心肌炎病毒感染等。

②水平传播。水平传播是指猪与猪之间的横向传播。几乎所有的传染病均可以经水平传播方式传播。根据参与传播的媒介可分为直接接触传播如舔咬、交配等；空气传播，即以空气中的飞沫、飞沫核以及尘埃作为媒介物而传播，所有的呼吸道传染病都可以这种方式传播；污染的饲料、饮水传播，以消化道为传入门户的传染病均能以此种方式传播，如猪大肠杆菌病、沙门菌病、猪瘟、口蹄疫等；土壤传播，如魏氏梭菌、猪丹毒等；媒介传播，指除猪以外的其他动物和人作为媒介来传播的方式。起传播作用的媒介主要包括节肢动物、人类、野生动物和其他畜禽。

(3)猪的易感性　病原微生物仅是引起传染病的外因，它通过一定的传播途径侵入猪体后，是否导致发病，还要取决于猪的内因，也就是猪的易感性和抵抗力。猪由于品种、年龄、免疫状况及体质强弱等情况不同，对各种传染病的易感性有很大差别。例如，在年龄方面，仔猪对白痢、红痢、大肠杆菌病等易感性高，成年猪则稍差一些；在免疫状况方面，猪群接种过某种传染病的疫苗或菌苗后，产生了对该病的免疫力，易感性大大降低。当猪群对某种传染病处于易感状态时，如果体质健壮，也有一定的抵抗力。

2. 传染病的感染与发病

(1)感染的类型 某种病原微生物侵入猪体后，必然引起猪体防卫系统的抵抗，其结果必然出现以下 3 种情况：一是病原微生物被消灭，没有形成感染；二是病原微生物在猪体内的一定部位定居并大量繁殖，引起病理变化和症状，也就是引起发病，称为显性感染；三是病原微生物与猪体内防卫力量处于相对平衡状态，病原微生物能够在猪体某些部位定居，进行少量繁殖，有时也引起比较轻微的病理变化，但没有引起症状，也就是没有引起发病，称为隐性感染。有些隐性感染的猪是健康带菌、带毒者，会较长期地排出病菌、病毒，成为易被忽视的传染源。

(2)发病过程 显性感染的过程，可分为以下 4 个阶段。

①潜伏期。病原微生物侵入猪体后，必须繁殖到一定数量才能引起症状，这段时间称为潜伏期。潜伏期的长短，与入侵的病原微生物毒力、数量及猪体抵抗力强弱等因素有关。例如猪瘟的潜伏期，一般为 5～7 天，最大范围为 2～21 天。

②前驱期。此时是猪发病的征兆期，表现出精神不振、食欲减退、体温升高等一般症状，尚未表现出该病特征性症状。前驱期一般在 1～2 天。

③明显期。此时猪的病情发展到高峰阶段，表现出病的特征性症状。前驱期与明显期合称为病程。急性传染病的病程一般为数天至 2～5 周，慢性传染病则可达数月。

④转归期。即疾病发展到结局阶段，病猪有的死亡，有的恢复健康。康复猪在一定时期内对该病具有免疫力，但体内仍残存并向外排放该病的病原微生物，成为健康带菌或带毒猪。

(二)预防猪病的基本措施

在养猪过程中，常常会发生各种疾病，特别是某些烈性传染病，严重影响着猪体健康和生长。因此在发展养猪生产的同时，猪场必须首先做好猪病的预防工作。

1. 猪场选址要符合防疫要求

猪场的场址应背风向阳，地势高燥，水源充足，排水方便。猪场的位置要远离村镇、学校、工厂和居民区，与铁路、公路干线、运输河道也要有一定距离。

2. 制定合理的传染病免疫程序

传染病的发病率和带来的损失在整个猪病中占有很高比例，它不仅会造成猪群的大批死亡和畜产品的损失，而且直接影响人民的生活健康和对外贸易。预防猪传染病最有效的方法之一就是预防注射疫苗及特定的抗原，按照传染病发生的规律，合理制定免疫接种程序，减少猪群发病，提高保护率。

3. 加强猪群的饲养管理

加强饲养管理，是搞好猪病防治的基础，是增强猪体抗病能力的根本措施。

①选择优质的仔猪。从无疫地区和无病猪群购进种猪或仔猪，确保无病猪进入猪场，并建立健全隔离制度，保证必要的隔离条件。

②供给全价饲粮。饲粮的营养水平不仅影响猪群的生产能力，而且缺乏某些成分可发生相应的缺乏症。所以要从正规的饲料厂购买饲料，贮存时注意时间不要过长，并防止霉变和结块。在自配饲粮时，要注意原料的质量，避免饲粮配方与实际应用相脱节。

③给予适宜的环境温度。适宜的环境温度有利于提高猪群的生产能力。如果温度过高或过低，都会影响猪群的健康，冷热不定

容易导致猪体感冒及其他疾病。

4. 坚持严格的卫生和消毒制度

坚持定期清理猪舍内外，保持环境清洁卫生，定期对猪舍进行消毒。饲养人员进猪舍前，坚持洗手，外来人员一律禁止进入猪舍。饲养人员进舍要更换工作服，喷洒药物或紫外线消毒，饲养用具固定使用，不得串换。

5. 进行必要的药物预防

①传染病、寄生虫病。根据疫病易发的季节和猪易发的月龄，可提前给予有效的药物，并定期给猪驱虫，达到以防为主、防重于治的目的。

②营养代谢病。按足够的比例添加饲料中的微量元素、维生素、矿物质。

(三)猪病的诊断与投药

1. 猪病的诊断

通过对病猪的临床检查、病理解剖、实验室检查等，把搜集到的资料进行判断，对疾病做出实事求是、合乎客观实际的结论，即诊断。猪病诊断的主要内容及常用方法如下：

(1)健康猪的生理常数与表现　猪的正常体温一般在38.0～39.5℃(仔猪在40℃以内)。脉搏每分钟60～80次，呼吸每分钟12～20次。猪对食物的选择性不大，正常猪食欲旺盛，精神活泼，睡眠安静，鼻端经常湿润，眼有神，眼角无分泌物，尾摇摆或上卷，被毛有光泽。

上述各项常数表现，在运动或惊恐、精神紧张状态下，可能发生变化，而经过一段时间的安静和休息，即可恢复正常。若在不明原因的情况下,生理常数的变化、外观表现得异常,都可能是某些疾病的相应变化和表现,诊断猪病时应予注意。

(2)病猪登记及病史调查

①病猪登记。登记的项目包括畜主姓名和地址,猪的品种、性别、年龄、毛色特征、体重、编号等。

②病史调查。也叫问诊,它是认识疾病的第一步,通过病史调查,可以了解到病猪以往的饲养管理和就诊前的外观表现变化等情况。认真细致的病史调查,往往能获得有价值的诊断,从而确定疾病的原因和性质。

(3)临床诊断　临床诊断病猪常用的方法,包括视诊、触诊、叩诊、听诊和嗅诊。临床检查,通常按一般检查和系统检查的顺序进行。

①一般检查。

a. 外观检查:主要观察猪的外部表现。病猪一般是精神委顿,行动迟缓,常离群独居,走路摇摆,头、尾下垂,眼睛无神,有分泌物,被毛粗糙无光泽,腹部不饱满等。此外,还应注意观察有无神经症状。如猪食盐中毒时,会出现兴奋或抑制,全身发抖,转圈,四肢划动,有时倒地等;患破伤风时,竖耳举尾,四肢僵硬,牙关紧闭。眼结膜的变化,是疾病的重要表现。如眼结膜苍白,多为贫血及寄生虫病的症状;发红、充血或紫红色,是脑充血、中暑、肺炎、热性传染病及肠炎等疾病的一种症状。皮肤检查在临床诊断上也有重要意义,如皮肤苍白,是贫血的现象;发红,尤其是发生红斑点,就有发生传染病的可能,如猪丹毒的斑点(块)指压褪色,猪瘟的皮肤出血点指压不褪色等。皮肤检查时,还应注意观察有无水疱、脓疱。鼻镜及蹄部检查,尤其应注意水疱的有无。

b. 体温检查:体温检查不仅能判定疾病的程度,而且可借以判定疾病的性质,如急性传染病常发高热,普通病往往无热或微热。体温还可鉴别疾病的种类,如消化不良一般无热,而胃肠炎则常常有热。此外，根据体温的变化，还可以观察疗效和推断疾病的预后，如体温的下降若与症状的减轻或脉搏数的减少不相一致，常表明疾病趋于恶化或预后不良。

②系统检查。

a. 循环系统检查：主要检查心跳和脉搏。

心跳检查：利用听诊器，听诊心脏变化，如果出现忽高忽低、间隔忽长忽短等异常心音，就是疾病的征象。

脉搏检查：小猪可在后腿内侧股动脉处检查，大猪可在尾根下尾动脉处检查，也可用听诊器听诊心脏或用手掌触摸心脏部位的方法，根据心跳次数来确定脉搏数。猪的脉搏数增加，主要见于重度的普通病、急性热性传染病等；脉搏数减少，一般见于慢性脑水肿等疾病。

b. 呼吸系统检查。

呼吸运动：通常是观察猪的胸部起伏或腹壁的运动，也可用手在猪的鼻孔前，感知呼出气流的情况，健康猪一般为胸腹式呼吸，即吸气和呼气时胸廓和腹壁都以同等的强度进行，如果呼吸时胸部活动明显，称为胸式呼吸；腹部活动明显，称为腹式呼吸，两者都是病理表现。例如，当发生胸膜炎、胸腔积液、肺气肿时，常表现为腹式呼吸；当发生腹腔积水、积食、腹膜炎时，常出现胸式呼吸。

鼻液：健康猪一般无鼻液，有鼻液流出常是病理状态。例如，有泡沫样或混血样鼻液流出时，可能是肺水肿或肺出血的结果。

咳嗽：除因采食饮水不当引起的一时性咳嗽外，其他咳嗽可视为某种疾病的症状，如咳嗽有痛感，病猪表现伸颈、摇头、咀嚼、吞咽，尽力抑制咳嗽，见于胸膜炎等。

胸部听诊：用听诊器在猪的胸部可以听到肺泡音，根据肺泡音的变化，对确定某种相应的疾病有一定意义，如肺泡音普遍增强时，常见于热性疾病。

c. 消化系统检查。

食欲及饮水：除饲料和环境变化的暂时原因外，采食和饮水的减少是猪病首先表现出来的重要症状之一，应特别注意。

呕吐：一时性呕吐，可能是进食而引起。其他各种呕吐，则是某种疾病的征象，如大肠阻塞时，呕吐物类似粪便。

口腔检查：口腔检查对诊断猪瘟、口蹄疫、口炎、咽炎、破伤风等疾病有重要价值，如唇或口腔内发现水疱，可能是口蹄疫；口腔黏膜有出血点或发生溃疡，常见于猪瘟；口腔干燥见于热性病及长期腹泻等。

腹腔检查：猪腹部容积、腹壁紧张程度、叩诊声音的异常，可为消化系统疾病的诊断提供依据。如患腹膜炎时，触诊腹壁紧张程度增强、疼痛敏感。

粪便检查：粪便性状的异常是某些疾病的症状之一，如粪便干燥硬固，通常见于便秘和猪瘟等急性热性传染病。

d. 泌尿生殖系统检查。

泌尿系统检查：猪的泌尿器官疾病较少见，多发于一些传染病。排尿量和尿液理化性状的变化，可供某些疾病诊断时参考。如尿频、量少，可能是阴道炎、膀胱炎。当泌尿系统发炎时，或给予某些药物时，尿液均会发生相应的物理化学变化。

生殖系统检查：公猪睾丸肿大，见于睾丸炎；母猪患阴道炎或子宫内膜炎时，阴户常流出稀薄污秽的液体；母猪乳房肿大，见于乳腺炎；乳房出现水疱，可能是口蹄疫的症状之一。

e. 神经系统检查。

精神状态：脑炎初期，往往出现精神异常兴奋、狂躁不安、惊恐、鸣叫等症状；出现嗜睡、昏迷症状时见于脑部重伤或各种疾病的危险期。

感觉：皮肤感觉减退或消失，多见于外周感觉神经受压迫和脑病等。

运动：麻痹、瘫痪、肌肉痉挛，是运动功能失调和丧失的表现，常见于脑炎、脑膜炎等脑病。

自主神经系统：自主神经系统由交感神经和副交感神经组成，健康状况下，二者处于平衡状态。一旦发生疾病，则平衡状态被破坏，并表现出一系列症状。例如，交感神经兴奋，一般表现为瞳孔扩大、唾液分泌抑制、血管收缩、支气管弛缓及胃肠蠕动减退等；相反则为副交感神经兴奋。

(4)尸体剖检诊断　临床诊断，有些疾病症状很不明显，有些发病突然死亡，来不及临床检查，或者临床检查没有发现任何病症。这些可通过病猪死后尸体剖检，做全面、系统的观察，检查组织器官的病理变化，结合生前症状，做出正确的诊断。

(5)实验室诊断　经过临床和剖检诊断，积累大量资料，但还不能最后确诊，有些疾病还存在疑问，需要进一步深入研究，往往需配合实验室检查，进一步收集材料，弄清一些问题，给最后确诊提供依据。

(6)药物诊断　使用药品治疗疾病，有的效果很好，非常理想；有的疗效不明显；有的无疗效，病情越来越重。如用青霉素治疗猪瘟，完全无效，而青霉素治疗猪丹毒却有特效。这也给诊断提供了依据。

(7)综合诊断　同一种猪病，由于病猪个体、环境条件、饲养管理等因素及临床症状、器官组织变化方面的差异，因而在诊断某一个猪病时，尽可能索取更多的资料，进行系统的综合分析，才能做出全面、正确的判断，提出切实可行的防治措施。

2. 猪的投药保定

在一般情况下，对病猪的诊断、投药、注射、手术等，都要采取适当的保定措施。对性情温驯的猪，可采取立于墙根、墙角，用手轻挠猪的背部、腹部、腹侧或耳根的方法，使猪安静，接受检查和治疗。而对性情凶暴、躁动不安的猪，可采取下列保定方法。

(1)仔猪保定法　一手将仔猪抱于怀中，托住颈部，另一手轻按后躯即可；也可将仔猪侧卧于操作台或平地上，一手按住头部，另一手握住下侧前肢；还可由畜主握住仔猪两后肢，将猪倒提起，使猪腹部朝前，用两腿夹住猪的头部，以防骚动(见图 10-1)。

(2)网架保定法　此法适用于幼猪和中猪，将猪放置在用绳织成的网上，使猪的四肢悬空，起到保定作用(见图 10-2)。

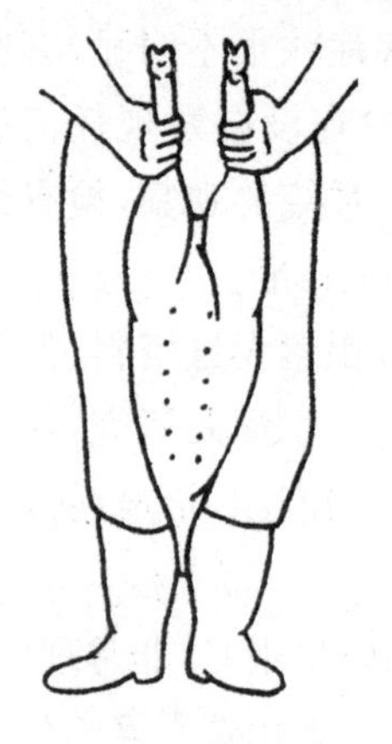

图 10-1　仔猪倒立提举保定

图 10-2　猪网架保定法

(3)握耳提举法　此法适用于中等体格猪的灌药或口腔检查。保定者两腿夹住猪的胸侧，双手紧握猪的两耳，用力将头和前躯一并提起。

(4)鼻捻绳保定法　适用于成猪和性情凶暴的猪，由助手紧握猪两耳，保定者用一根粗细适中的绳索做成活套，套在猪的上颌部，然后用手拉住或拴绕在单柱上，借猪向后退的力量拉紧绳结，起到保定作用(见图 10-3)。

图 10-3　猪鼻捻绳保定法

(5)横卧保定　用于中猪和大猪。一人握住猪一条后腿，另一人握住猪的耳朵，两人同时向同一侧用力将猪放倒，一人按压猪头颈部，用绳拴住四脚加以固定。

3. 猪的体温测定

猪的正常体温在 38.0～39.5℃，在天热时直射日光下可达 40℃。一般用兽用体温表或人用肛表插入猪的肛门中测温。

(1)测量猪体温的方法

①先将体温计的水银柱甩至 35℃以下。

②用酒精或新洁尔灭棉球擦拭温度计，涂上润滑剂或唾些口水。

③测温人的一手将猪的尾根部提起，另一手持体温计徐徐插入肛门中，放下尾巴，用附在体温计上的夹子，夹在尾部的毛上以固定之，无夹子时可用手抵住。

④按体温计规格的要求，使温度计在肛门内放置一定时间(如温度计为 3 分计，则需放置 3 分钟)，取出后读取水银柱上端的度数即可。

⑤测好后，应将温度计用消毒棉球擦拭，以备再用。

(2)测量猪的体温时应注意的问题　当直肠、肛门内有粪球时，应让粪球排出后再测温，否则测得的温度不准确。另外若肛门括约肌很紧，用体温表在肛门中轻轻地转动几下，使局部放松后再插入，不然易损伤直肠黏膜。

4. 猪的投药方法

猪常用的投药方法，有注射法、混饲法、口投法(口服法)和胃管投服法等。

(1)注射法　注射法是用注射器将药液注入猪体内的方法。常用的有以下 4 种方法。

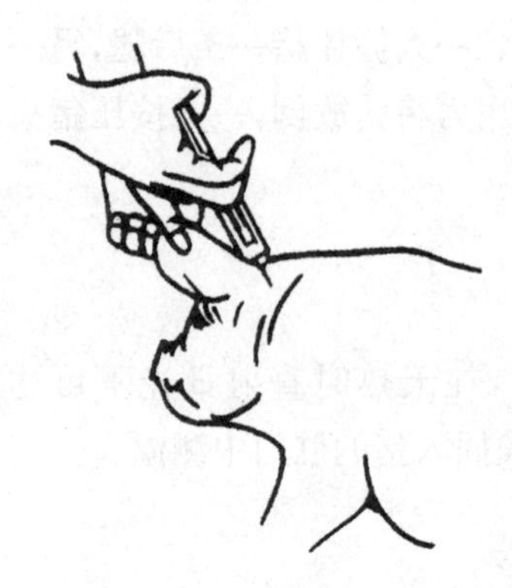

图 10-4　肌内注射法

①肌内注射。肌内注射是最常用的方法，注射部位一般选择在肌肉丰满，神经干和大血管少的颈部和臀部。注射时，针头直刺入肌肉2～4 厘米深，注入药液（见图 10-4），注毕拔出针头。注射前后均应消毒，刺入时用力要猛，注药的速度要快，用力的方向应与针头一致，以防折断针头。

②皮下注射。将药液注入皮肤与肌肉之间的组织内。注射部位可选择在皮薄而容易移动的部位，如大腿内侧、耳根后方等。注射时，左手捏起局部的皮肤，成为皱褶，右手持注射器，由皱褶的基部刺入，进针 2～3 厘米，注毕拔出针头，注射前后均应消毒。当药液量大时，要分点注射。

③静脉注射。将药液注入静脉内，使之迅速发挥作用。注射部位常选择在耳部大静脉。注射时，先用手指捏压耳部静脉管，使静脉充盈、怒张，然后手持连接针头的注射器，沿静脉管使针头与皮肤成 10°～15°角刺入皮肤及血管，松开耳根部压力，见回血后左手固定针头刺入的部位，右手拇指徐徐推动活塞，注入药液（见图 10-5）。注射完后，左手持棉球压针孔处，右手迅速拔针，防止血肿发生。

④腹腔注射。即把药液注入腹腔，仔猪常用这种方法。注射时，用手提起猪的两后腿，形成倒立，在耻骨缘中线旁 3～5 厘米处，针头垂地直刺入 2～3 厘米，药液注射后拔出针头（见图 10-6）。

(2)混饲法　对于还能吃食的病猪，而且药量少，又没有特殊的气味，可将药物均匀地混合在少量的饲料或水中，让猪自由采食。

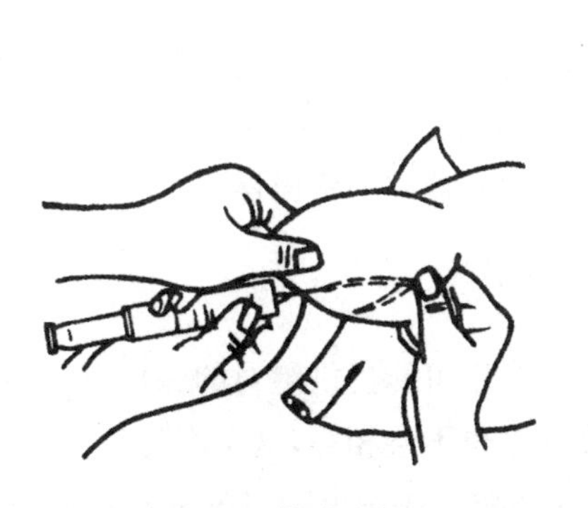

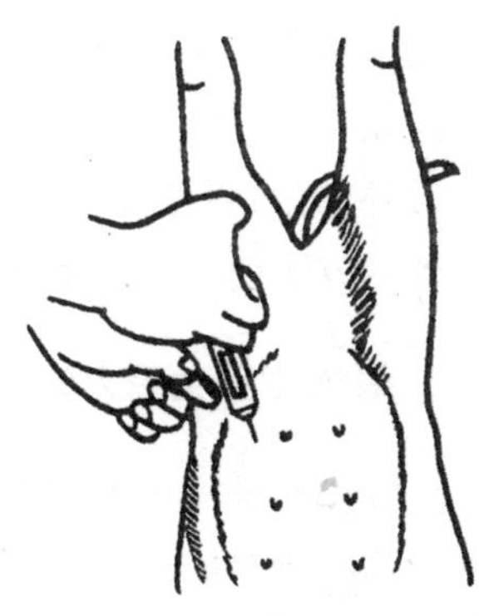

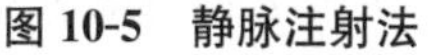

图 10-5　静脉注射法　　**图 10-6　腹腔注射法**

(3)口投法　一人握住猪的两耳或前肢,并提起前肢和前躯,另一人用木棍将猪嘴撬开,把药片、药丸或舐剂置于舌根背面处;或用长嘴瓶子、汤匙伸入口角内,缓慢地倒入药液,咽下后,再灌第二次。要注意防止连续大量灌入或在猪叫唤时投给,以防药液进入气管。

(4)胃管投药法　用绳套套住猪的上腭,用力拉紧,猪自然向后退。这时用开口器的两端绳勒紧两嘴角。用胃管从开口器中央插入,胃管前端至咽部时,轻轻刺激,引起吞咽动作,便插入食道。判断方法是将橡皮球捏扁,橡皮球上端捏紧,当手松开橡皮球后,不再鼓起,证明橡皮管在食道内,再送胃管至食道深部,从漏斗进行灌药。

(四)生猪免疫

猪的免疫接种,是将疫苗或菌苗用特定的人工方法接种于猪体,使猪在不发病的情况下产生抗体,从而在一定时期内对某种传染病具有抵抗力,从而达到个体乃至群体预防和控制传染病的目的。免疫接种是诸多预防传染病手段中最经济、最方便、最有效的方法之一。

疫苗和菌苗是毒力(即致病力)较弱或已被处理致死的病毒、细菌制成的。用病毒制成的叫疫苗,用细菌制成的叫菌苗,含活的病毒、细菌的叫弱毒菌,含死的病毒、细菌的叫灭活苗。疫苗和菌苗按规定方法使用没有致病性,但有良好的抗原性。

1. 影响生猪免疫力的因素

免疫应答是一个生物学过程,不可能提供绝对的保护,在免疫接种群体的所有成员中,免疫水平也不会相等,这是因为免疫反应受到遗传和环境等诸多因素的影响。在一个随机的动物群体里,免疫反应的范围倾向于正态分布,也就是说大多数动物对抗原有免疫反应倾向于中等水平,而一小部分动物则免疫反应很差,这一小部分动物尽管已经免疫接种,却不能获得抵抗感染的足够保护力。所以,随机动物群是不可能因免疫接种而达到百分之百的保护率。一般认为,在一个猪群中,绝大部分猪能获得保护,小部分易感猪即使被感染,也不至于造成该疫病的流行。以下诸因素均能影响猪群的免疫力。

(1)遗传因素　动物机体对接种抗原有免疫应答在一定程度上是受遗传控制的。猪的品种繁多,免疫应答各有差异,即使同一品种不同个体的猪只,对同一疫苗的免疫反应,其强弱也不一致。

(2)营养状况　例如,机体缺乏维生素 A,能导致淋巴器官的萎缩,影响淋巴细胞的分化、增殖、受体表达与活化,可使体内的 T 细胞、NK 细胞数量减少,吞噬细胞的吞噬能力下降,B 细胞的抗体产生能力下降。此外,其他维生素及微量元素、氨基酸的缺乏,都会严重地影响机体的免疫功能。因而,营养状况是免疫机制中不可忽略的因素。

(3)环境因素　动物机体的免疫功能在一定程度上受到神经、体液和内分泌的调节,在环境过冷、过热、拥挤、湿度过大和通风不良等应激因素的影响下,可导致动物对抗原的免疫应答能力下降,免疫接种后动物表现出低抗体和细胞免疫应答减弱。

搞好猪场的环境卫生，给予猪群一个适合的生存条件，杜绝传染源，即使猪群的抗体水平不高，也不至于发生传染病。此外，虽然对猪进行多次免疫可以提高抗体的水平，但并非防病的目的，因为高免疫力（高抗体）的本身对猪来说也是一种应激反应。有资料表明，动物经多次免疫后，高水平的抗体会使动物的生产力下降。因而，搞好环境卫生与接种疫苗在疫病防治中同等重要。

（4）疫苗质量　疫苗的质量好坏十分重要，包括疫苗产品本身的质量、保存以及使用过程中的质量等。疫苗应有标签，写有批准文号、使用说明、有效日期和生产厂家。各种剂型的疫苗应按其要求的温度进行运输和贮存。

在疫苗的使用过程中，有很多影响免疫效果的因素，如疫苗的稀释方法、接种途径、免疫程序等，各个环节都应给予足够的重视。

（5）血清型　有些病原含有多个血清型，如猪大肠杆菌病、猪肺疫等。其病原的血清型多，给免疫防治造成困难，选择适当的疫苗株是取得理想免疫效果的关键。在血清型多而又不了解为何种血清型的情况下，应选用多价苗。

（6）母源抗体　母源抗体的被动免疫对新生仔猪是十分重要的，然而对疫苗接种却带来了一定的影响，尤其是用弱毒疫苗。如果仔猪有较高水平的母源抗体，就能影响疫苗的免疫效果。仔猪首次免疫的日龄，应根据母源抗体测定的结果来确定。

（7）其他因素　如患慢性病、寄生虫病，各种疫苗间的干扰（尤其是弱毒苗），接种人员的素质和业务水平等。近年来发现一些免疫障碍的疾病如伪狂犬病、繁殖与呼吸综合征等都能使猪的免疫功能下降，免疫应答能力减弱，从而影响疫苗的免疫效果。

2. 制定生猪免疫程序应注意的问题

有些传染病需要多次免疫接种，在猪的多大日龄接种第 1 次，什么时候再接种第 2 次、第 3 次，称为免疫程序。单独一种传染病的免疫程序，请见后文关于该病的叙述；在群猪饲养期内的综合免疫程序，要根据具体情况先确定对哪几种病进行免疫，然后合理安排。制定免疫程序时，应主要考虑以下几个方面的因素：本地区疫病的流行状况及严重程度、猪群类型、母源抗体的水平、猪体免疫应答能力、疫苗的种类、免疫接种的方法、各种疫苗接种的配合，以及免疫对猪体健康及生产能力的影响等。

3. 生猪免疫接种的常用方法

不同的疫苗、菌苗，对接种方法有不同的要求，归纳起来，主要有口服法、肌内注射法、皮下注射法、皮内注射法、静脉注射法、气雾法等。

(1)口服法　分为饮水和喂饲两种方法。经口免疫应按猪群头数计算饮水量和采食量，停饮或停喂半天，然后按实际头数的150％～200％量加入疫苗，以保证饮、喂疫苗时，每头猪都能饮用一定量水和吃入一定量料，得到充分免疫。此法主要用于集约化猪场，其优点是省时、省力，适合于大群免疫，但每头猪饮(吃)入的疫苗量，不能像其他免疫方法一样准确。另外，应注意疫苗用冷水稀释，最好不要用城市自来水，如果必须用则以先接水贮存一天再用，以减少氯离子对疫苗的影响。

(2)肌内注射法　注射部位多选择在臀部和颈部，注射时针头直刺入肌肉 2～4 厘米深，然后注入疫苗液。肌内注射法的优点是注射方法简便，药液吸收快。其缺点是在一个部位不能大量注射；臀部如接种不当，易引起跛行。

(3)皮下注射法　注射部位多选择在猪的耳根后方，注射时先用左手拇指和食指捏起局部的皮肤，成为皱褶，右手持注射器将针头刺入皮肤与肌肉之间，然后注入疫苗液。皮下注射法的优点是操作简单，吸收较皮内快，大部分常用的疫苗和高免血清均可采用皮下注射。其缺点是使用疫苗剂量较多。

(4)皮内注射法　注射部位多选择在猪的耳根后方,一般仅用于猪瘟结晶紫疫苗等少数制品。皮内接种的优点是使用药液少,同样的疫苗较皮下注射反应小,同量药液较皮下接种产生免疫力高;缺点是操作麻烦,技术要求高。

(5)静脉注射法　注射部位多选择在猪的耳静脉。兽医生物药品中的免疫血清除了皮下和肌内注射,均可采取静脉注射,特别是在紧急治疗传染病时。疫苗、诊断液一般不做静脉注射。

静脉注射接种的优点是可使用大剂量,奏效快,可及时抢救病猪。其缺点是要求一定的设备和技术条件。此外,如果为异种动物血清,可引起过敏反应。

(6)气雾免疫法　此法是用压缩空气通过气雾发生器,将稀释的疫苗喷射出去,使疫苗形成直径1～10微米的雾化粒子,均匀地浮游在空气之中,通过呼吸道吸入肺内,以达到免疫接种的目的。此法主要用于集约化猪场,其优点是省时、省力,适合于大群免疫。其缺点是疫苗用量要在2～3倍,有时还会诱发猪的呼吸道疾病。

气雾发生器由喷头及动力机械组成。喷头有对口式、平等式两种。压缩空气的动力可因地制宜,利用各种气泵或用电动机、柴油机带动空气压缩泵。无论何种方法作动力,都要保持2千克/平方厘米以上的压力,才能达到使疫苗雾化的目的。

免疫时,疫苗用量主要根据房舍的大小而定。用量确定后,用生理盐水将其稀释,装入雾化器瓶中,关闭猪舍门窗、排气扇等。操作者将喷头保持与猪头部同高,均匀喷射。喷射完毕20～30分钟后,打开门窗和排气扇。操作人员要注意防护,戴上大而厚的口罩,如出现发热、关节酸痛等症状,应及时就医。

4. 中、小型猪场主要传染病的免疫程序

在生产中,一般情况下,中、小型猪场可参考下列免疫程序。

(1)猪瘟

①种公猪:每年春、秋季用猪瘟兔化弱毒疫苗各免疫接种1次。

②种母猪:于产前30天免疫接种1次;或春、秋两季各接种1次。

③仔猪:20日龄、70日龄各免疫接种1次;或仔猪出生后未吃初乳前立即用猪瘟兔化弱毒疫苗免疫接种1次,接种2小时后可哺乳。

④后备猪:产前1个月免疫接种1次;选留作种用时立即免疫接种1次。

(2)猪蓝耳病

①种猪:每年免疫4次,每次肌内注射1头份(2毫升)/头。

②后备猪:配种前免疫2次,于配种前4周和6～8周分别免疫,每次肌内注射1头份(2毫升)/头。

③仔猪:断奶前1周免疫1次,肌内注射1头份(2毫升)/头。

④商品猪:仔猪断奶前1周初免,在高致病性猪蓝耳病流行地区,可根据实际情况在初免后一个月加强免疫1次。

(3)猪丹毒、猪肺疫

①种猪:春、秋两季分别用猪丹毒和猪肺疫菌苗各免疫接种1次。

②仔猪:断奶后分别用猪丹毒和猪肺疫菌苗免疫接种1次。70日龄分别用猪丹毒、猪肺疫菌苗免疫接种1次。

(4)仔猪副伤寒　仔猪断奶后(30～35日龄)口服或注射1头份仔猪副寒菌苗。

(5)仔猪大肠菌病(黄痢)　妊娠母猪于产前40～42天和15～20天分别用大肠杆菌腹泻菌苗(K_{88}、K_{99}、987P)免疫接种1次。

(6)仔猪红痢　妊娠母猪于产前30天和产前15天分别用红痢菌苗免疫接种1次。

(7)猪气喘病

①种猪:成年猪每年用猪气喘病弱毒菌苗免疫接种1次。

②仔猪:7～15日龄免疫接种1次。

③后备种猪:配种前再免疫接种1次。

(8)猪乙型脑炎　种猪、后备母猪在蚊蝇季节到来前(4～5月),用乙型脑炎弱毒疫苗免疫接种1次。

(9)猪传染性萎缩性鼻炎

①公猪、母猪:春秋季各注射1次。

②仔猪:70日龄注射1次。

5. 中、小型猪场寄生虫病控制程序

在生产中,一般情况下,中、小型猪场控制寄生虫病可参考以下程序。

(1)药物选择　应选择高效、安全、广谱的抗寄生虫药。

(2)常见蠕虫和外寄生虫控制程序

①首次执行本寄生虫病控制程序的猪场,应首先对全场猪只进行彻底驱虫。

②对妊娠母猪,于产前1～4周内用抗寄生虫药驱虫1次。

③对公猪每年至少用药2次;但对外寄生感染严重的猪场,每年应用药4～6次。

④所有仔猪在转群时用药1次。

⑤后备母猪在配种前用药1次。

⑥新购进的猪只用伊维菌素治疗2次(每次间隔10～14天)后,并隔离饲养至少30天才能和其他猪只并群饲养。

6. 生猪免疫接种工作要点

(1)确保疫苗的质量

①要从正规的渠道进货,把好疫苗的采购关。产品必须有批

准文号、有效日期和生产厂家，三无产品不可用。可能有的新产品或试产品尚无批文，但应该了解生产和研制单位必须可靠，发现疫苗的质量问题便于追查。

②疫苗怕热，需要低温保存，特别是活苗对温度更加敏感。猪用的疫苗种类很多，不同制剂其保存温度与有效期限是有差别的，使用时必须按其使用说明书进行操作。

(2)规范免疫接种技术

①免疫接种工作应指定专人负责，包括免疫程序的制定、疫苗的采购和贮存、免疫接种时工作人员的调配和安排等。根据免疫程序的要求，有条不紊地开展免疫接种工作。具体工作必须由兽医防疫技术人员执行。接种前要对注射器、针头、镊子等器械进行清洗和煮沸消毒，备有足够的碘酊棉球、稀释液、免疫接种登记表格和肾上腺素等抗过敏药物。

②疫苗使用前要逐瓶检查苗瓶有无破损，封口是否严密，标签是否完整，有效日期是否超过，要有生产厂家、批准文号，其中有一项不合格，均不能使用，应作报废处理，以确保疫苗的质量。

③免疫接种前应检查了解猪群的健康状况，对于精神不振、食欲欠佳、呼吸困难、腹泻或便秘的猪打上记号或记下耳号暂时不能接种疫苗。

④凡要求肌内接种的疫苗(参照疫苗使用说明书)操作要点如下：a. 吸入苗液，排出空气，调节用量；b. 接种前对术部进行消毒；c. 接种时将注射器垂直刺入肌肉深处；d. 注射完毕拔出针头、消毒并轻压术部。

⑤对哺乳仔猪和保育猪进行免疫接种时，需要饲养员协助保定，保定时应做到轻抓、轻放。接种时动作要快捷、熟练，尽量减少应激。

⑥免疫接种的剂量应按照说明书的要求进行(个别疫苗可以适当增加剂量)，种猪要求每头换 1 个针头，哺乳仔猪和保育猪要

求1圈换1个针头。当紧急免疫接种时都要求1猪换1个针头。

⑦免疫接种的时间应安排在猪群喂料以前空腹时进行，免疫接种后2小时要有人巡视检查，若遇有过敏反应的猪即用肾上腺素等抗过敏药物抢救。

(3)制定合理的免疫程序 有良好的疫苗和规范的接种技术，若没有合理的免疫程序，仍不能充分发挥疫苗应有的作用。因为一个地区、一个猪场，可能发生多种传染病，而可以用来预防这些传染病的疫苗的性质又不尽相同，有的免疫期长，有的免疫期短。因此，免疫程序应该根据当地疫病流行的情况及规律，猪的用途、日龄、母源抗体水平和饲养管理条件以及疫苗的种类、性质等方面的因素来制定。不能做硬性统一规定。所制定的免疫程序还可根据具体情况随时调整。

(五)生猪常见病及防治

1. 猪瘟

猪瘟是由猪瘟病毒引起的急性、热性、高度接触性传染病。急性型以败血症及剖检所见内脏器官出血、坏死和梗死为特征；慢性型以纤维素坏死性肠炎为主要病理剖检特征。

【流行特点】 本病在自然条件下只感染猪。不同品种、年龄、用途的家猪和野猪均易感染。本病的发生没有季节性，在新疫区常急性暴发，发病率、死亡率均很高。在常发地区，猪群有一定的免疫力，病情常呈亚急性型或慢性经过。本病的感染途径主要是消化道和呼吸道，病猪的尿、粪及各种分泌物(唾液、鼻液等)排出大量病毒，通过直接接触或间接接触如被病毒污染的饲料、饮水、场地、各种工具等均可传染。此外，其他动物(猫、狗)、昆虫、老鼠等是机械性传染媒介。

【临床症状】 潜伏期一般为5～10天。根据病程的长短和病状可分为急性型、慢性型和非典型猪瘟。

①急性型。患猪表现发病突然，症状急剧，体温升高到41～42℃，口渴，废食，嗜液，皮肤和黏膜发绀和出血，多数病猪有明显的浓性结膜炎，有的病猪出现便秘，随后出现下痢，粪便恶臭。怀孕母猪可出现流产，仔猪出现神经症状，如磨牙、痉挛、转圈等。特急性型病例甚至症状尚不明显即因败血症而死亡，一般在出现症状后几小时或几天死亡。

②慢性型。多发于老疫区，也有的是由急性不死转为慢性。患猪病状不规则，体温时高时低，猪体消瘦，贫血，喜卧，行动迟缓，食欲不振，喜饮水，便秘和腹泻交替。有的病猪皮肤有紫斑或坏死痂，病程多在4周以上。

③非典型猪瘟。为近年来国内外发生较普遍的一种猪瘟病型，感染猪潜伏期长，症状轻微而且病变不典型，群众称无名高热。死亡率30%～50%，有的自愈后出现干耳和干尾，甚至皮肤出现干性坏疽并脱落。这种类型的猪瘟病程1～2个月不等，有的猪有肺炎感染和神经症状。新生猪常引起大量死亡，自愈猪变为侏儒或僵猪。

【病理变化】 典型猪瘟，全身淋巴结肿大，尤其是肠系膜淋巴结，外表呈暗红色，中间有出血条纹，切面呈红白相间的大理石样外观，扁桃体出血或坏死。胃和小肠呈出血性炎症。在大肠的回盲瓣段黏膜上形成特征性的纽扣状溃疡。肾呈土黄色，表面和切面有针尖大的出血点，膀胱黏膜层布满出血点。脾的边缘有时见到红黑色的坏死斑块，似米粒大小，质地较硬，突出被膜表面。妊娠母猪感染病毒后，可见流产的胎儿水肿，表皮出血和小脑发育不全。

非典型猪瘟病理变化轻微，如淋巴结呈现水肿状态，轻度出血，脾稍水肿，膀胱黏膜仅有少数出血点，回盲瓣可能有溃疡、坏死，但很少有纽扣状溃疡等典型病变。

【诊断】 根据流行特点、症状、病理剖检和猪群的免疫状态等做出初步诊断。对于非典型性猪瘟应通过实验室检查确认。在诊断中应注意与猪丹毒、猪肺疫、仔猪副伤寒、猪败血性链球菌病及猪弓形体病相区别。

【防治措施】

①及时进行疫苗接种。坚持定期春、秋两季注射猪瘟兔化弱毒疫苗，不要漏注，注射后 4～6 天产生免疫力，免疫期可达 1 年以上。为了避免哺乳仔猪感染猪瘟，最好能在 20 日龄左右和断乳时各注射一次疫苗。

②尽量做到自繁自养和圈养，严防从外地带入传染源。必须从外地购猪时，应先经预防注射后，再隔离饲养 2 周，方可混入猪群。

③改善饲养管理，搞好栏舍、环境、饲具的清洁卫生工作。泔水必须煮沸后利用。

④发生猪瘟时，应马上对全群健康猪只进行猪瘟疫苗接种，然后对可疑猪只接种，尽早确诊，及时采取措施，把损失减少到最低限度。目前尚无特效药物治疗此病，对可疑病猪隔离，病死猪进行无害化处理、深埋或焚烧均可，能利用的需经高温处理。发病猪舍、运动场及有关器械用 2%～3%的火碱或其他强力消毒剂进行彻底消毒。粪尿及垫草、剩料等污物堆积发酵或烧毁。

2. 猪口蹄疫

猪口蹄疫是由病毒引起的偶蹄兽的一种急性、热性和高度接触性传染病。临床特征为病猪的口腔黏膜、蹄部和乳房皮肤出现水疱和溃疡。

【流行特点】 本病潜伏期短，传染快，流行广，发病率高，在同一时间内，往往牛、羊、猪一起发病，而猪对口蹄疫病毒易感性强，越年幼的仔猪，发病率及死亡率越高，1 月龄内的哺乳仔猪死亡率可达 60%～80%。本病一年四季均可发生，但以寒冷冬春季节多发。

病畜是该病的主要传染源，一旦动物被感染，在症状出现之前，病畜体内开始排出大量致病力很强的病毒，症状严重期排毒量最多，症状恢复期排毒量逐渐减少。传染途径主要是消化道、损伤的黏膜(口、鼻、眼、乳腺)、皮肤等。传染的原因有直接的，如病猪与健康猪接触；有间接的，如病猪的唾液、乳、尿、粪、血液及病猪的肉、内脏污染了饲料、饮水及工具等。野生动物、鼠、狗、猫、鸟类、昆虫均是本病的重要传染媒介。

【临床症状】 本病潜伏期为 2～7 天，有时较长。患猪的主要症状表现在蹄部。病初体温升至 40～41.5℃，经 3 天左右，在蹄叉、蹄冠、蹄踵等处出现水疱，不久破溃，表面出血、糜烂。患猪跛行，严重者不能站立，甚至蹄壳脱落。少数病例在口腔发生病变，流涎，咀嚼及吞咽困难。患猪鼻盘、齿龈、舌、额部等也可出现水疱，破溃后露出浅的溃疡面，不久可愈合。也有的病例，母猪的乳房和乳头的皮肤发生水疱，破溃后发生糜烂，不久结痂。哺乳仔猪常无口蹄疫症状，出现急性胃肠炎和心肌炎而死亡。

【病理变化】 病猪蹄部、口腔、乳房皮肤有水疱和糜烂病变，个别病猪局部感染化脓，有脓样渗出物。

死亡的哺乳仔猪，胃肠可发生出血性炎症，肺浆液性浸润，心包膜有点状出血，心包液混浊，心肌切面有灰白色或淡黄色斑或条纹，称为“虎斑心”。心肌变软，类似煮过的肉。由于心肌纤维变性、坏死、溶解，释放出有毒分解产物而使仔猪死亡。

【诊断】 根据流行特点、症状和病理剖检容易做出初步诊断。为确诊，可进行病毒分离鉴定或采用动物接种或血清学诊断方法。在诊断中应注意与猪水疱病、水疱性口炎、猪疱疹相区别。

【防治措施】 预防猪口蹄疫，除采取一般综合检疫措施外，主要是采取注射口蹄疫疫苗进行预防接种，注射后 14 天产生免疫力，免疫期 3 个月。在牛、羊注射口蹄疫疫苗期间，邻近猪场应封锁，注射口蹄疫疫苗的器具再用于猪场时，必须严格消毒。

目前，对本病尚无特效疗法，只能采取对症治疗。口腔可用清水、1%温食盐水、0.1%高锰酸钾水、2%硼酸洗漱，溃烂面涂以 5%碘甘油；蹄部用绷带包扎；乳房使用 0.1%高锰酸钾水冲洗干净后，用青霉素软膏或磺胺软膏涂于患部。

3. 猪繁殖与呼吸综合征

猪繁殖与呼吸综合征（又称蓝耳病）(PRRS)是由猪繁殖与呼吸综合征病毒(PRRSV)引起的猪的一种高度接触性传染病，不同年龄、品种和性别的猪均能感染，但以妊娠母猪和 1 月龄以内的仔猪最易感；该病以母猪流产、死胎、弱胎、木乃伊胎以及仔猪呼吸困难、败血症、高死亡率等为主要特征。

高致病性猪蓝耳病是由猪繁殖与呼吸综合征病毒变异株引起的一种急性高致死性传染病。仔猪发病率可达 100%、死亡率可达 50%以上，母猪流产率可达 30%以上，育肥猪也可发病死亡。

【流行特点】 自然流行中，本病仅见于猪。潜伏期为 3～37 天，其他家畜和动物未见发病。不同年龄、品种、性别的猪均可感染，但易感性有一定差异。繁殖母猪和仔猪发病比较严重，肥育猪发病比较温和。本病呈流行性传播，传播迅速，主要经空气通过呼吸道感染。病毒在感染猪体内可长期存在。因此，病猪和带毒猪是重要的传染源。由于病毒可经精液传播，故使用急性期患病猪的精液时需特别注意。

【临床症状】 由于感染猪的类型不同，患猪感染的严重程度不同，临诊表现也不同。

①妊娠母猪：患猪发热(40～41℃)，厌食，沉郁、昏睡，不同程度呼吸困难，咳嗽。后肢麻痹，前肢屈曲，步态不稳，皮肤苍白，颤抖，偶尔呕吐，间情期延长或不孕，妊娠晚期流产、死胎（大多为黑

色，也有白色）、木乃伊胎、弱仔、早产（提前2～8天），产后无乳，临产时也有因呼吸困难而死亡（体温下降至35℃左右）。少数病猪双耳、腹侧及外阴皮肤有一过性青紫色或蓝色斑块（因此有蓝耳病之称），双耳发凉。

②种公猪：发病率低（2%～10%），厌食昏睡。呼吸加快，咳嗽，消瘦，发热，个别猪双耳发蓝。暂时性精液减少和活力下降，因病毒在肺泡巨噬细胞内繁殖，导致巴氏杆菌病发病率明显上升。

③哺乳仔猪：以1月龄内的仔猪最易感染。体温升高至40℃以上，呼吸困难，有时呈腹式呼吸，沉郁、昏睡，丧失吃奶能力，食欲减退或废绝，腹泻。离群独处或挤作一团，被毛粗乱，后腿及肌肉震颤，共济失调，有的仔猪口鼻奇痒，常用鼻盘、口端摩擦圈舍墙壁，鼻有面糊状或水样分泌物，断奶前死亡率可达30%～50%，个别可达80%～100%。

④育成猪及育肥猪：厌食，发热（40～41℃），沉郁、昏睡，呼吸加快，继而出现呼吸困难，腹泻，眼睑水肿。有的出现神经症状，少数病例双耳背面边缘及尾皮肤出现青紫色斑块。

【病理变化】 外观尸僵完全，皮肤色淡呈蜡黄色，鼻孔有泡沫，皮下脂肪较黄，稍有水肿。肺部病变多样，色呈粉红，大理石状。肝脏病变较多，有萎缩、气肿、水肿等。气管、支气管充满泡沫，胸腹腔积水较多，个别有灰白样坏死。胃有出血水肿。肾包膜易剥离，表面布满针尖大出血点。肺门淋巴结充血出血，个别病例小肠、大肠胀气。

仔猪、育成猪常见眼睑水肿。仔猪皮下水肿，体表淋巴结肿大，心包积液水肿。有时肺呈灰褐色，肺尖叶、中间叶和后叶病变没有差异。

胎儿和死胎仔，早期、晚期的弱仔，死产仔和木乃伊化胎儿基本相同，无肉眼变化，皮肤棕色，腹腔有淡黄色积液。有的胎儿和死胎仔出现皮下水肿，心包积液。

【诊断】 母猪发生流产、死胎、木乃伊胎等，新生仔猪大量死亡，而肥育猪症状不明显，有部分猪在耳朵、四肢末端等发绀，即可做出初步诊断。一般简易的临床诊断方法有 3 项指标：①20%以上的胎儿死亡；②8%以上的母猪流产；③断奶前有 26%以上的仔猪死亡。若其中有两项符合则临床诊断成立。但该诊断方法仅适用于急性期发病的猪场，对于慢性型和亚临床型的诊断无效。确认本病需进行病毒的分离鉴定和血清学方法检测等。PCR 法能快速准确地检出血清、细胞培养物和精液中的病毒，目前已应用于本病的兽医临床诊断中。由于猪繁殖与呼吸综合征感染的猪常伴有其他疾病的继发感染，因此在母猪发生繁殖障碍时，应注意与伪狂犬病、细小病毒病和猪瘟区分开来，本病感染母猪多在怀孕后期发生流产、弱仔、死胎和木乃伊胎。同时注意与有呼吸道症状的其他疾病进行鉴别诊断。

【防治措施】 本病是猪的一种新的传染病，传染性很强，对养猪业危害性极大，目前尚无特效药物疗法。主要采取综合防治措施，最根本的方法是清除病猪和清洗消毒措施，切断传播途径。预防高致病性猪蓝耳病必须从提倡科学养殖入手，改善饲养环境，加强综合防控，采用合理的免疫程序。主要应做好如下几点：

①加强饲养管理。养猪采用"全进全出"的养殖模式，在高温季节，做好猪舍的通风和防暑降温，冬天既要注意猪舍的保暖，又要注意通风。夏天，提供充足的清洁饮水，保持猪舍干燥，保持合理的饲养密度，降低应急因素。保证充足的营养，增强猪群抗病能力，杜绝猪、鸡、鸭等动物混养。有条件的农户提倡规模化饲养。

②科学免疫。免疫是预防各种疫病的有效手段，特别是目前需要免疫的疫苗种类很多，一定要按照当地兽医部门的建议，制定合理的免疫程序，适时做好高致病性猪蓝耳病的免疫。一般情况下，采用灭活疫苗经耳后根肌内注射。3 周龄及以上仔猪，每头 2 毫升；母猪，在怀孕 40 日内进行初次免疫接种，间隔 20 日后进行

第2次接种,以后每隔6个月接种1次,每次每头2毫升;种公猪,初次接种与母猪同时进行,间隔20日后进行第2次接种,以后每隔6个月接种1次,每次每头2毫升。在免疫过程中,要使用农业部批准生产或使用的疫苗,还要规范免疫操作。

③药物预防。在当地兽医的指导下,选择适当的预防用抗菌类药物,并制订合理的用药方案,预防猪群的细菌性感染,提高健康水平。

④严格消毒。搞好环境卫生,及时清除猪舍粪便及排泄物,对各种污染物品进行无害化处理。对饲养场、猪舍内及周边环境增加消毒次数。

⑤规范补栏。要选择从没有疫情的地方购进仔猪,同时,购买前要查看检疫证明,购买后一定要隔离饲养两周以上,体温正常再混群饲养。

⑥报告疫情。发现病猪后,要立即对病猪进行隔离,并立即报告当地畜牧兽医部门,要在当地兽医的指导下按有关规定处理。

⑦不宰、不食病死猪。按照《动物防疫法》和国家有关规定,严禁贩卖病、死猪,也不能屠宰病死猪自食,坚决做到对病死猪不流通、不宰杀、不食用。

4. 猪轮状病毒感染

猪轮状病毒病是由猪轮状病毒引起的一种人畜兽共患的急性肠道传染病,仔猪的主要症状为厌食、呕吐、下痢,中猪和大猪为隐性感染,没有症状。

【流行特点】 本病的发生有一定的季节性,多发生于秋末至来年的早春。各种年龄的猪都可感染,感染率最高达90%～100%,在流行地区由于大多数成年猪都已感染而获得免疫。因此,发病猪多是8周龄以下的仔猪,日龄越小的仔猪发病率越高,发病率一般为50%～80%,病死率一般在10%以内。患病的人、畜及隐性感染的带毒猪，是本病的传染源，轮状病毒主要存在于病猪及带毒猪的消化道，随粪便排到外界环境后，污染饲料、饮水、垫草及土壤等，经消化道感染。排毒时间可持续数天，可严重污染环境，加之病毒对外界环境有顽强的抵抗力，使该病毒在成猪、中猪、仔猪之间反复循环感染。另外，人和其他动物也可散播传染。

【临床症状】 潜伏期一般12～24小时。常呈地方性流行，病初精神沉郁，食欲不振，不愿走动，有些仔猪吮奶后发生呕吐，以后出现严重腹泻，粪便呈黄色、灰色或黑色，为水样或稠状。症状的轻重取决于发病猪的日龄、免疫状态和环境条件，缺乏母源抗体保护的初生仔猪症状最重，环境温度下降或继发大肠杆菌病时，常使症状加重，病死率增高。通常10～20日龄仔猪的症状较轻，腹泻数日即可康复，3～8周龄仔猪症状更轻，成年猪为隐性感染。

【病理变化】 病变主要在消化道，胃弛缓，充满凝乳块和乳汁，肠管变薄，内容物为液状，呈灰黄色或灰黑色，小肠绒毛缩短，肠系膜淋巴结肿胀，胆囊肿大。

【诊断】 本病多发生在寒冷季节，发病猪多为幼龄仔猪，主要症状为腹泻。根据这些特点，可做出初步诊断，但是引起腹泻的原因很多，在自然病例中，往往发现有轮状病毒与冠状病毒、流行性腹泻、传染性胃肠炎或仔猪黄痢、白痢混合感染，使诊断复杂化。因此，必须通过实验室检查才能确诊。

【防治措施】 目前无特效的治疗药物。发现病猪立即隔离，停止喂乳，以葡萄糖盐水或复方葡萄糖溶液（葡萄糖43.20克，氯化钠9.20克，甘氨酸6.60克，柠檬酸0.52克，柠檬酸钾0.13克，无水磷酸钾4.35克，溶于2000毫升水中即成）给病猪自由饮用。同时，进行对症治疗，投服收敛止泻剂，如药用炭、次硝酸铋、矽炭银等，使用抗菌药物如青霉素、链霉素、庆大霉素、诺氟沙星，环丙沙星或恩诺沙星等防止继发细菌性感染，脱水严重时可静脉注射5%葡萄糖注射液、生理盐水或复方氯化钠注射液等。必要时用

5%碳酸氢钠注射液纠正酸中毒，一般都可获得较好的疗效。也可试用中草药进行治疗，参见猪传染性胃肠炎。

加强饲养管理，认真执行一般的兽医防疫措施，增强母猪和仔猪的抵抗力。在流行地区，可用猪轮状病毒油佐剂苗于怀孕母猪临产前30天，肌内注射2毫升；仔猪于7日龄和21日龄各注射1次，注射部位在后海穴（尾根和肛门之间凹窝处），每次每头注射0.5毫升。弱毒苗于临产前5周和2周分别肌内注射1次，每次每头1毫升。同时要使新生仔猪早吃初乳，接受母源抗体的保护以减少发病和减轻病症。

5. 猪细小病毒感染

猪细小病毒感染又称猪繁殖障碍病，是由细小病毒引起的繁殖失常。其特征为受感染的母猪，特别是初产母猪产生死胎、畸形胎、木乃伊胎或病弱仔猪，偶有流产，但母猪本身无明显症状。

【流行特点】 猪是唯一已知的易感动物。本病通过胎盘传给胎儿，感染母猪所产死胎、木乃伊胎或活胎组织内带有病毒，并可由阴道分泌物、粪便或其他分泌物排毒。感染公猪的精液也含有病毒，可通过配种传染给母猪。污染的猪舍是猪细小病毒的主要贮存所。本病主要发生于初产母猪，呈地方性或散发性流行。疾病发生后，猪场可能连续几年不断出现母猪繁殖失能。母猪怀孕早期感染本病毒时，胚胎、胎猪死亡率可高达80%～100%。

【临床症状】 主要表现为母猪繁殖失能，如多次发情而不受孕，或产出死胎、木乃伊胎以及只产少数仔猪，并可出现流产。这种情况与母猪不同孕期感染有关。在怀孕30～50天感染时，主要是产木乃伊胎，如早期死亡，产出小的黑色木乃伊胎；如晚期死亡，则子宫内有较大木乃伊胎；怀孕50～60天感染时，主要产死胎，怀孕70天感染时常出现流产，怀孕70天之后感染，母猪多能正常生产，而产出仔猪有抗体和带毒，有些甚至能成为终身带毒者。如果将这些猪留作种用,此病很可能在猪群中长期存在,难以根除。公猪感染本病毒后,其受精率或性欲不受明显的影响。所以,特别注意带毒种公猪通过配种而传染给母猪。

【病理变化】 怀孕母猪感染未见明显的肉眼病变,仅见子宫内膜有轻微炎症。胎儿在子宫内有被溶解、吸收的现象,受感染的胎儿表现不同程度的发育障碍和生长不良,可见充血、水肿、出血、体腔积液、脱水(木乃伊化)及坏死等病变。

【诊断】 猪场在同一时期多头母猪,尤其是初产母猪发生流产、死胎、木乃伊胎现象,而母猪又没有任何临床症状,同时具有传染性时,可怀疑为细小病毒感染。确诊应进行病原分离和血清学诊断。

【防治措施】 本病尚无有效治疗方法。为了控制本病,首先应控制带毒猪传入猪场。在引进种猪时应加强检疫,采集其血清做血凝抑制试验,当血凝抑制滴度在 1∶256 以下时,方可以引进。引进猪须隔离饲养 2 周,再进行一次血凝抑制试验,证实是阴性者,方可与本场猪混饲。在本病污染的猪场,对初产母猪在配种前可通过自然感染或疫苗接种的方法,使猪获得主动免疫力,控制本病的发生。在一群血清阴性的后备母猪中放进一些血清阳性的母猪(可能是带毒猪)同圈饲养,通过带毒母猪的排毒,使初产母猪受到感染而产生免疫力。这种方法的缺点是,猪场受强毒污染严重,不能作为种猪输出,且这种方法只适用于本病流行的地区。我国现有细小病毒灭活疫苗,在母猪配种前 1～2 个月进行免疫接种,可预防本病的发生。仔猪母源抗体可持续 14～24 周,在抗体滴度高于 1∶80 时可抵抗猪细小病毒感染。因此,仔猪断奶后移到无本病流行的地区饲养,可培育出阴性母猪。

6. 猪伪狂犬病

猪伪狂犬病是由伪狂犬病病毒引起的一种多种哺乳动物和鸟

类的急性传染病，其主要特征是发热及中枢神经系统障碍。成年猪常为隐性感染，妊娠母猪可出现流产、死胎及木乃伊胎，新生仔猪除表现发热和神经症状外，还可见消化系统症。

【流行特点】 一般呈地方流行性发生，一年四季均可发生，但多发生于冬、春两季和产仔旺盛时期。一般是分娩高峰的猪舍首先发病，几乎每窝仔猪都发病，窝发病率几乎可达100%，单发较少，由整窝发病变为一窝有2～5头发病，死亡率下降，其他猪舍为散发，死亡率也较低，发病猪主要是15日龄以内仔猪，最早为4日龄仔猪，发病率几乎可达100%，死亡率约为85%，随着年龄的增长，发病率和死亡率逐渐降低，成猪多为隐性感染。

对伪狂犬病病毒有易感性的动物甚多，有猪、牛、羊、犬及某些野生动物等。病猪和隐性感染猪可长期带毒排毒，是本病的主要传染源。鼠类粪尿中含大量病毒，也能传播本病。本病的传播途径较多，经消化道、呼吸道、破损的皮肤以及生殖道均可感染。仔猪常因吃了感染母猪的乳而发病，怀孕母猪感染本病后，病毒可经胎盘而使胎儿感染，以致引起流产和死胎。

【临床症状】 哺乳仔猪症状最为严重，仔猪产下后一般都很健壮，膘情好，产仔数也较高，1～3日龄的状况正常，发病初期眼周围发红，闭目昏睡，体温升高，呼吸困难，口角有较多泡沫或大量流涎，呕吐，下痢，食欲不振，精神沉郁，肌肉震颤，步态不稳，四肢运动不协调，后躯麻痹，眼球震颤，最常见而且突出的是间歇性抽搐、肌肉痉挛性收缩，角弓反张，仰头歪颈，有前进或后退或转圈等强迫运动症状，呈现癫痫样发作及昏睡等现象，持续4～10分钟，症状逐渐缓解，间歇数分钟至数十分钟后，又重复出现，一般多数病猪于症状出现后1～2天内死亡，病死率可达100%。若发病6天后才出现神经症状，则有恢复的希望，但可能有永久性后遗症，如眼瞎、偏瘫、发育障碍等。

断乳幼猪一般症状和神经症状较仔猪轻，病死率也低，病程一般4～8天，病猪表现为体温升高，呼吸急促；被毛粗乱，食欲减退，耳尖发绀。如果在断奶前后发生腹泻，排黄水样粪便，这样的病猪死亡率可达100％。

育肥猪常呈隐性感染，较常见的症状为微热，打喷嚏或咳嗽，精神沉郁，便秘，食欲不振，数日即恢复正常。有的病猪可能见到“犬坐姿势”，偶尔出现呕吐或腹泻，很少见到神经症状。

怀孕母猪于受胎后40天以上感染时，常有流产、死产及延迟分娩等现象。流产、死产，胎儿大小相差不显著，无畸形胎，死产胎儿有不同程度的软化现象，流产胎儿大多甚为新鲜，脑壳及臀部皮肤有出血点，胸腔、腹腔、心包腔有多量棕褐色潴留液，肾及心肌出血，肝、脾有灰白色坏死点。母猪怀孕末期感染时，可有活产胎儿，但往往因活力差，于产后不久出现典型的神经症状而死亡。母猪于流产、死产前后，大多没明显的临床症状。

【病理变化】 临床上呈现严重神经症状的病猪，死后常见明显的脑膜充血及脑脊髓液增加，鼻咽部充血，或有卡他性、化脓性、出血性炎症，扁桃体水肿，并伴有咽炎和喉头水肿及其淋巴结有坏死病灶，勺状软骨和会厌软骨常有纤维素性坏死性假膜覆盖，肺可见水肿和出血点，上呼吸道内有大量泡沫样水肿液，肝脏和脾脏有1～2毫米大小的灰白色坏死点，心肌松软、水肿，心内膜有斑状或点状出血，心包积液，肾点状出血，胃底部有大面积出血，小肠黏膜水肿、充血，大肠黏膜出血。组织学检查，有非化脓性脑膜炎及神经节炎变化。

【诊断】 根据本病的流行特点、临床症状，可做出初步诊断，要确诊本病则必须结合病理组织学检查和实验室检查。

【防治措施】

①治疗。本病目前尚无特效疗法，在病猪出现神经症状之前，注射高疫血清或病愈猪血液，有一定疗效，但是耐过猪长期携带病毒，应继续隔离饲养。

②预防。坚持自繁自养，如果需要购进猪只时，应从洁净猪场购进，行严格的隔离检疫1个月，并采血送实验室检查。保持猪舍地面、墙壁、设施及用具等的卫生，坚持每周消毒1次，粪尿及时清扫，放入发酵池或沼气池处理。全场范围内捕灭鼠类及其他野生动物等，严禁散养家禽和犬、猫进入猪场。

感染种猪场的净化可根据种猪场的条件分别采取以下措施：全群淘汰更新，适用于高度污染的种猪场，种猪血统并不太昂贵者，猪舍的设备不允许采用其他方法清除本病者，淘汰阳性反应猪，每隔30天以血清学试验检查1次，连续检查4次以上，直至淘汰阳性反应猪为止；隔离饲养阳性反应母猪所生的后裔，为保全优良血统，对阳性反应母猪的后裔，在3～4周龄断奶时，分别按窝隔离饲养至16周龄，以血清学试验测其抗体，淘汰阳性反应猪，经30天再测其抗体，连续2次检疫均为阴性者，可作为后备种猪；注射伪狂犬病油乳剂灭活苗，种猪（包括公、母）每6个月注射1次，母猪于产前1个月再加强免疫1次。种猪场仔猪于1月龄左右注射1次，隔4～5周重复注射1次，以后每半年注射1次。种猪场一般不宜用弱毒疫苗。

发病肥育猪场的处理方法，除发病乳猪、仔猪予以淘汰外，其余仔猪和母猪一律注射伪狂犬病弱毒疫苗（K51弱毒株），乳猪第一次注苗0.5毫升，断奶后再注苗1毫升，3月龄以上的中猪、成猪及怀孕母猪（产前1个月）2毫升，免疫期1年。也可注射伪狂犬病油乳剂灭活苗，除免疫注射外，应加强猪场的一般综合性防治措施，防止伪狂犬病的传播。

7. 猪传染性水疱病

猪传染性水疱病是水疱病毒引起的一种极似口蹄疫的急性、热性、接触性传染病。其主要特征是患猪蹄、鼻、口腔、乳房及皮肤出现水疱。

【流行特点】 本病自然流行只感染猪，其他动物不感染。发病无明显季节性，多发于猪高度集中、饲养密度大且地面潮湿的地方，在分散饲养的情况下，极少引起流行。传染途径主要是消化道、呼吸道、皮肤和黏膜。发病后的患猪及其产品是主要传染源，病猪的新鲜粪、尿，以及被病毒污染后的运输工具、饲料和水均是传播媒介。

【临床症状】 潜伏期一般为2～5天，成年猪发病率高于仔猪。病初只有少数病猪可见体温升高，在蹄冠、蹄叉、蹄底或副蹄出现一个或几个黄豆至蚕豆大的水疱，随后融合在一起，充满透明的液体，1～2日后水疱破裂，形成溃疡面，病猪疼痛加剧，不易行走，严重者蹄壳脱落，卧地不起。少数病猪的鼻盘、口腔和乳头周围也会出现水疱。一般病程10天左右，然后自然康复。

【病理变化】 本病内脏器官无肉眼可见的病变。

【诊断】 根据只有猪发病，病少见于分散饲养的地方，且仔猪很少发病，内脏器官无肉眼病变等情况可做出初步诊断，但要进一步确诊，则需进行病毒分离培养、血清学检查和组织学检查。

【防治措施】

①不要从疫区调入猪只及其肉产品，用泔水和屠宰下脚料喂猪时，必须经过煮沸消毒。

②要加强检疫、隔离、封锁措施，收购和调运生猪时应逐头检查，如发现病猪，就地处理，不能调出。

要加强对市场的管理和检疫，严禁病猪和同群猪上市。猪群患病要严格封锁，封锁期一般以最后一头猪治愈后3周才能解除。病猪肉及其头、蹄不准鲜销上市，应做高温处理。

③要注意环境的卫生和消毒，消毒液应选用5％氨水、10％漂白粉溶液、3％热火碱水，热溶液比冷溶液效果好。

④蹄部等病变治疗方法同口蹄疫。

8. 猪传染性胃肠炎

猪传染性胃肠炎是由冠状病毒引起的急性、高度接触性消化道传染病，其主要特征是多发生于寒冷季节，急性腹泻，同时出现呕吐。

【流行特点】 本病除猪以外，其他动物不感染，发病有明显季节性，多发于冬、春寒冷季节（12月至翌年4月），具有高度接触传染性，常呈地方性流行。不同年龄、性别、品种的猪均能发病，但以仔猪发病严重，特别是10日龄以内的仔猪死亡率高。病猪粪便中排毒时间可达2个月之久，传染途径主要是消化道，另外病毒也可由呼吸道传染。

【临床症状】 潜伏期一般为12～18小时，所以一个猪场刚开始发病，在1～3天内可使全群感染。仔猪发生呕吐、腹泻及口渴，粪便白色、黄色或绿色，内含有未消化母乳，后呈水样，甚至向外喷射，腹部、耳尖及肛门附近皮肤发紫，迅速脱水消瘦，多随继死亡，7日龄以内的仔猪死亡率可达100%。成年猪症状轻微，有的食欲不振、呕吐及腹泻，母猪泌乳停止，一般症状持续5～7天即停止，逐渐恢复食欲，很少出现死亡。

【病理变化】 病变主要在消化道，胃肠黏膜充血、点状出血，胃肠腔内充满稀薄的食糜呈灰黄色。肠系膜血管、肝、脾、肾、淋巴结均表现明显的淤血，心肌因衰竭而扩张。左心室内膜和冠状沟有明显的出血点和出血斑。

【诊断】 若猪群出现大群性腹泻，根据临床症状、病理变化和流行特点可做出诊断，特别是仔猪日龄和死亡率的关系是很重要的参考资料。在诊断上应注意与猪流行性腹泻、仔猪红痢、仔猪黄痢、仔猪白痢、猪一般性胃肠炎等相区别。

【防治措施】

①加强饲养管理，做好产房和保育舍的保温工作。如果产房

和保育舍温度维持在25～26℃，基本上可以控制本病的发生，即使个别发生，症状也比较轻。

②做好卫生消毒工作。本病主要在冬季严寒时期发生，饲养员必须坚守工作岗位，对舍内门窗早晚应及时关好。舍内粪便及时清除，出入口设有消毒池，经常进行消毒。

③在本病多发地区，每年入冬前(8～9月)对全场仔猪进行疫苗预防接种。

④本病目前没有特效的治疗药物，为了防止其严重脱水而死亡，在仔猪发病期可用盐水补液(葡萄糖20克、氯化钠3.4克、氯化钾1.5克，碳酸氢钠2.5克，温水1000毫升)。

9. 猪丹毒

猪丹毒是由猪丹毒菌引起的一种急性、热性传染病，其主要特征是:急性型呈败血症经过，亚急性型在皮肤上出现特异性疹块，慢性病例则多表现为非化脓性关节炎或疣状的心内膜炎。

【流行特点】 猪丹毒杆菌广泛流行于世界各地，对养猪业危害很大，一般多为散发和地方性流行，常发生在夏、秋炎热季节，冬、春寒冷季节很少发生。因夏、秋雨水多，湿热适合细菌繁殖，加之蚊蝇等昆虫多，极易传播，一旦有了疫情，很容易扩散，发生流行。

【临床症状】 潜伏期为1～8天。临床上可分为急性型(败血型)、亚急性型(疹块型)和慢性型3种。

①急性型(败血型)。此型最为常见，以发病突然且死亡率高为特征。初期以一头或数头无明显症状而突然死亡，其他猪只相继发病。病猪体温升高达42～43℃，食欲废绝，呼吸急促，嗜睡，运动失调。先便秘并有脓性黏液附着，后拉稀并带血。结膜充血，有浆液性分泌物。不死或病的后期耳、颈、背、胸、腹部、四脚内侧等处可出现大小不等的红斑，用手指按压红色暂时可消退，后红斑

变为暗红色。死前体温降至正常以下，不死的转为亚急性型或慢性型。

②亚急性型(疹块型)。此型症状较轻，主要以出现疹块为特征，患猪体温在41℃以上，精神不振，食欲减退，多于背、胸、腹部及四肢皮肤上出现扁平凸起的紫红色疹块(打火印)，呈方形或菱形。白猪易观察，黑色或棕色猪种不易观察，但若用力贴平皮肤触摸，可感觉有疹块凸起，有的不明显，急宰刮毛后才能发现上述症状。疹块发生后，体温逐渐下降至正常，脱痂好转，病势减轻，数日后痊愈。病程一般在10天左右，死亡率不高。个别转为败血型或继发感染的可引起死亡，妊娠母猪有的发生流产。

③慢性型。多由急性型或亚急性型转变而来。主要患有心内膜炎和四肢关节炎，或两者并发。发生心内膜炎时，呼吸困难、消瘦、贫血、喜卧、举步缓慢、行走无力。此类型病猪很难治愈，最终多因麻痹而死亡。发生关节炎时表现为四肢关节炎性肿胀，僵硬疼痛。一肢或两肢跛行卧地不起，食欲较差，生长缓慢，消瘦。

【病理变化】 急性型特征皮肤上有大小不一形状不同的红斑，呈弥漫性红色，脾肿大，呈樱桃红色，肾淤血肿大，呈暗红色，皮质部有出血点，肺淤血、水肿，胃、十二指肠发炎、有出血点，关节液增多。亚急性型特征为皮肤上有方形或菱形红色疹块，内脏的变化比急性型轻。慢性型特征是心脏房室瓣常有疣状心内膜炎，瓣膜上有灰白色增生物，呈菜花状，其次是关节肿大，有炎症，在关节腔内有纤维素性渗出物。

【诊断】 根据本病流行特点、临床症状和病理变化可做出初步诊断，确诊需进行细菌学检查。在诊断上应注意与猪链球菌病、猪肺疫、猪瘟、猪副伤寒、弓浆虫病等相区别。

【防治措施】

①加强猪群的饲养管理，做好卫生防疫工作，提高猪群的自然抵抗力。

②保持环境和使用器具的清洁及定期用消毒剂消毒;食堂下脚料及泔水必须煮沸后才能喂猪;粪便垫料堆积发酵处理后方可使用。

③按时接种猪丹毒菌苗。

④治疗。青霉素为本病的特效药。治疗时不宜过早停药(应在体温和食欲恢复正常后 24 小时),以防止疾病复发或转为慢性。四环素、土霉素、林可霉素、泰乐菌素也是治疗本病的有效药物。

a. 青霉素,每千克体重 1 万~1.5 万单位,肌内注射,每天 2 次。

b. 四环素、土霉素,每天每千克体重为 7~15 毫克,肌内注射。

c. 林可霉素,每次每千克体重 11 毫克,每天 1 次。

d. 泰乐菌素,每次每克体重 2~10 毫克,肌内注射,每日 2 次。

e. 对发病猪栏的每头猪肌内注射阿莫西林 1.5 克、阿尼利定(安痛定)10 毫升、地塞米松 3 毫升,每天 1 次,连用 3 天。

10. 猪肺疫

猪肺疫又称猪巴氏杆菌病,是由多杀性巴杆菌引起的急性、热性传染病,以急性败血及组织器官出血性炎症为主要特征。

【流行特点】 本病一年四季均可以发生,但以秋末春初气候骤变时发病较多,在南方多发生在潮湿闷热多雨季节,中小猪多发,成年猪患病症状较轻。特别是圈舍寒冷潮湿、卫生条件差、饲喂不当、猪只比较消瘦等均可发生本病。病猪的排泄物、分泌物不断排出有毒力的细菌,污染饲料、饮水、用具和外界环境,通过消化道传染给健康猪,或通过飞沫经呼吸道感染。根据猪体的抵抗力和细菌的毒力,本病的流行类型可分为地方流行和散发两种,一般后者更为多见。

【临床症状】 本病潜伏期 1~5 天,临床上根据病程长短可分为最急性、急性和慢性 3 个类型。

①最急性型。临床表现突然发病，迅速死亡。病程稍长、症状明显者可表现体温升高（41～42℃），颈部高热红肿，食欲废绝，卧地不起，呼吸极度困难，口鼻流出泡沫，可视黏膜发绀，病程 1～2 天，死亡率几乎 100%。

②急性型。为本病主要的和常见的类型。患猪体温升高（40～41℃），病初发生痉挛性干咳，后变为湿咳，呼吸困难，鼻流黏稠液体，常伴有脓性结膜炎，触诊胸部有剧烈疼痛。精神不振，步态不稳，拒食呆立，心跳加速，结膜发绀。病初便秘，后期出现腹泻，多因窒息而死亡。病程 5～8 天，不死者转为慢性。

③慢性型。主要表现出慢性肺炎和慢性胃肠炎症状。患猪有时表现持续性咳嗽与呼吸困难，食欲不振，进行性营养不良，极度消瘦，行动不稳或作犬坐状。口、鼻、肛门黏膜发绀，有的因体质极度衰弱而死。

【病理变化】 最急性型猪肺疫病理变化常不明显。急性型猪肺疫病理变化较为明显，咽喉肿胀、潮红、周围结缔组织有炎性浸润。喉头腔、气管、支气管腔内有带泡沫的黏液，黏膜暗红色，有的表面有纤维素附着。两侧肺膨隆，呈暗红色，肺膜上有小出血点，肺小叶间质增宽，肺的质地变硬。心包液增多呈橘红色，心外膜可见点状出血。全身淋巴结呈暗红色，切面平整。胃与小肠前段有卡他性炎症。慢性猪肺疫肺的变化较为突出，肺间质水肿，两侧肺心叶、尖叶、主叶前下部可见肺膜有纤维素膜附着，小叶呈暗红与灰红色大理石样变化。有明显心包炎变化，脾和淋巴结明显肿大。

【诊断】 根据本病流行特点、临床症状和病理变化可做出初步诊断，确诊可进行病料涂片染色镜检，检出多杀性巴氏杆菌。在诊断上应注意与猪瘟、猪丹毒、猪副伤寒、猪弓浆虫病、猪链球菌病、猪流行性感冒、传染性胸膜炎等相区别。

【防治措施】

①加强猪群的饲养管理，提高猪群的自然抵抗力。合理配合

饲料，保持猪舍内干燥、清洁和良好的通风，定期进行药物消毒。

②定期接种猪肺疫菌苗。

③治疗。对本病敏感的药物有青霉素、链霉素、四环素、土霉素、林可霉素、泰乐霉素等，首选药物以青霉素为最好。

a. 青霉素，每千克体重 8 000～10 000 单位，肌内注射，每天 2 次（间隔 12 小时）。

b. 链霉素，每千克体重 50 毫克（1 克相当于 100 万单位），肌内注射，每天 1～2 次。

c. 四环素、土霉素，每天每千克体重为 7～15 毫克，肌内注射。

d. 林可霉素，每次每千克体重 11 毫克，每天 1 次。

e. 泰乐霉素，每次每千克体重 2～10 毫克，肌内注射，每日 2 次。

11. 猪传染性胸膜肺炎

猪传染性胸膜肺炎是由胸膜肺炎放线杆菌引起的猪的一种呼吸道传染病，以急性出血性纤维素性胸膜肺炎和慢性纤维素性坏死性胸膜肺炎为特征。近 20 年来，本病在世界上呈逐年增发的趋势，并已成为主要猪病之一。

【流行特点】 各年龄、不同性别和品种的猪都有易感性，但以 3 月龄幼猪最易感。猪群之间的传播主要通过引入带菌猪或慢性感染猪，公猪在本病的传播中起重要作用。由于细菌主要存在于呼吸道中，往往通过空气飞沫传播，大群饲养条件下最易接触传播。不良气候条件或运输后最易流行。本病的发病率和死亡率差异很大，通常在 50％以上。

【临床症状】 本病潜伏期为 1～7 天或更久，常为最急性型和急性型。

①最急性型。病猪死前不表现任何症状而突然死亡，有的病例可从口和鼻孔流出泡沫状的血样渗出物。

②急性型。呈败血症。猪只突然发病，精神沉郁，食欲废绝，体温升高至 42℃以上，呼吸极度困难，张口呼吸，咳嗽，常站立或呈犬坐姿势而不愿卧下。若不及时治疗，多在 1～2 天内因窒息而死亡。病初症状较为缓和者，若能耐过 4～5 天，则症状逐渐减退，多能自行康复，但病程延续时间较长。

很多猪感染后无临床症状或症状轻微，呈隐性感染或慢性经过，一旦有呼吸道并发、继发感染或在运输后会发展为急性病例。

【病理变化】 病变多局限于呼吸系统。急性病例病死猪的鼻腔内有血性泡沫，多为两侧性肺炎病变，肺组织呈紫红色，切面似肝组织，肺间质内充满血色胶样液体。病程不足 24 小时者，胸膜只见淡红色渗出液，肺充血和水肿，不见硬实的肝变。病程超过 24 小时以上者，在肺炎区出现纤维素性渗出物附着于表面，并有黄色渗出物渗出。病程较长的慢性病例中，可见到硬实的实变肺炎区，表面有结缔组织化的粘连性附着物，肺炎病灶呈硬化或坏死性病灶，常与胸膜粘连。

【诊断】 典型病例，根据肺和胸膜的特征性病变，结合流行情况，可做出初步诊断。非典型病例，尤其是初次发病的猪场或地区，须经实验室检查，才能确诊。

【防治措施】

①坚持自繁自养，加强检疫，严格消毒，一旦发现本病，及时隔离治疗。

②由于不同菌株之间交互免疫性不强，国外目前虽有商品菌苗，但预防慢性坏死性胸膜肺炎的效果不佳。制备自家苗进行预防接种可取得理想效果。

③治疗。抗菌药物对治疗本病有效。土霉素混入饲料中连喂 3 天，可防止出现新病例。有些国家和地区对本病流行严重的猪场通过血清学检查，清除带菌猪，结合在饲料中添加抗菌药物，能有效地防治本病。

12. 猪气喘病

猪气喘病是由肺炎霉形体引起的一种慢性接触性传染病，主要以患猪咳嗽、气喘为特征。

【流行特点】 本病一年四季均可发生，以冬、春寒冷季节多见，各种年龄、性别、品种的猪均可感染，但多见于断奶前后的仔猪。气候突变，饲养管理不善，都能促使本病的发生和加重病情。本病主要通过呼吸道感染，呈散发或地方性流行，传染源是病猪和隐性病猪，在其咳嗽、气喘喷嚏时，健康猪吸入含病原体的飞沫而感染。本病只感染猪，不感染其他动物和人。

【临床症状】 本病潜伏期一般为11～16天，最短3～5天，最长可达1个月以上。主要症状是咳嗽、气喘，尤其是早晚吃食或运动时，常发生短声连咳。随病程发展，呼吸加快，每分钟达50～60次，甚至100次以上。腹式呼吸明显，呼吸快而浅，到后期呼吸慢而深，甚至张口喘气。病初有少量浆液鼻汁，病重时，流出液性或脓性鼻汁。食欲和体温一般正常，仅在患病后期继发其他传染病时，出现体温升高、食欲减退等症状。患病小猪消瘦衰弱，被毛粗乱，生长发育停滞。隐性感染猪无明显症状，仅偶尔出现轻咳。

【病理变化】 主要病变在肺、肺门淋巴结和纵隔淋巴结。肺有不同程度的水肿和气肿。在心叶、尖叶、中间叶及部分膈叶下方呈小叶融合性支气管肺炎变化。肺呈淡灰色或灰红色半透明状，病变界线明显，似鲜嫩肌肉样。当病程延长，病情加重时，病变部呈淡紫色或深紫色、灰黄色，坚韧度增加。病变部切面湿润致密，常从小支气管流出混浊灰白色泡沫状浆液或黏液。肺门和纵隔淋巴结显著增大，切面外翻、湿润，呈黄白色。

【诊断】 可根据本病流行特点、临床症状和病理变化做出初步诊断。咳嗽、喘气、呼吸次数增加和腹式呼吸是本病的主要特征，一般多为慢性经过。另外，使用药物治疗后，症状可暂时消退，以后又能复发。食欲随病情的改变时轻时重，排粪排尿正常。在诊断上应注意与猪流感、猪肺疫、猪肺丝虫病和猪蛔虫病等相区别。

【防治措施】

①在未发病地区或猪场，坚持自繁自养，尽量不从外地引入猪只。若必须引入时，一定要严格隔离观察，防止猪气喘病及其他传染病传入，并定期做好消毒工作。

②受气喘病威胁的猪群可用猪气喘病灭活苗进行免疫接种。

③对发病的猪群，要做到早发现、早隔离、早治疗，尽早淘汰，逐步更新猪群，做好饲养管理工作。

④药物预防。可在每吨饲料中加入300克的土霉素粉定期饲喂，连用2～3周，或在饲料内加北里霉素饲喂（按使用说明添加），对气喘病的预防和治疗均有相当效果。

⑤治疗。一般早期用药效果比较好。

a. 土霉素，每天每千克体重为25～40毫克，肌内注射。

b. 卡那霉素、猪喘平，每天每千克体重为4万～8万单位，肌内注射。

c. 特效米先，每千克体重0.1～0.3毫升，肌内注射，每3天注射一次，连用2～3次。

此外，喹诺酮类药物如环丙沙星、恩诺沙星等对本病也有良好疗效。

13. 仔猪副伤寒

仔猪副伤寒是由沙门菌引起的仔猪热性传染病。主要表现为败血症和坏死性肠炎，有时发生脑炎、脑膜炎、卡他性或干酪性肺炎。

【流行特点】 本病主要发生于4月龄以内的断乳仔猪，成年猪和哺乳母猪很少发病。细菌可通过病猪或带菌猪的粪便、污染的水源和饲料等经消化道感染健康猪。健康猪的消肠道内也常有沙门菌存在，当饲养管理不良、卫生条件差、气候骤变等因素使猪体抵抗力降低时诱发本病。本病一年四季均可发生，但春初、秋末气候多变季节常发，且常与猪瘟、猪气喘病并发或继发，猪群中一般呈散发或地方性流行。

【临床症状】 本病的潜伏期为3～30天，按其病程可分为急性型、亚急性型和慢性型。

①急性型。多见于断奶后不久的仔猪和地方性流行的初期。其特征是急性败血症症状，体温升高到41～42℃，精神沉郁、伏卧、食欲废绝、呼吸困难、步行摇晃、呕吐和腹泻，有时表现腹痛症状。白皮猪可看到耳、四蹄尖、嘴尖、尾尖等猪体远端呈蓝紫色。当本病开始暴发时，常出现有1～2头死亡不呈现任何症状。2～3日后，体温稍有下降。肛门、尾巴、后腿等部位污染混合血液的黏稠粪便，有时伴有呼吸困难。病程多为病后2～4天死亡，不死的转为亚急性或慢性，很少自愈。

②亚急性型。基本与急性型相同，仅症状明显。患猪呈间歇性发热，初便秘，后下痢，食欲不振，爱喝水，猪体逐渐消瘦，一般经7天左右，因极度衰竭继发肺炎而死，不死的转为慢性，自然康复者少。

③慢性型。此型最为多见，开始发病不易观察，以后猪体逐渐消瘦，食欲减退，呈周期性恶性下痢，皮肤呈污红色。体温有时上升继而又降到常温，有的表现肺炎症状，一般数星期后死亡。也有恢复健康的，但康复猪生长缓慢，多数成为带菌的僵猪。

【病理变化】 急性病例的脾脏明显肿大，以中部1/3处更严重，边缘钝圆，触及感觉绵软，类似橡皮，呈暗蓝色，切面外翻，呈蓝红色；肿大的淋巴滤泡呈颗粒状，脾髓质部不软化。肾皮质部出血。有时心外膜下、肺膜下也有出血，肺有小叶性肺炎灶，肝脏被膜下有针尖大小的、先为灰红色后转为白色的小坏死灶。有时胆囊黏膜出现粟粒大的结节。胃及十二指肠黏膜高度充血和点状出血,肠系膜淋巴结高度肿大,切面外翻,呈红色。

亚急性和慢性病变主要表现在胃肠道。胃黏膜潮红,特别在胃底部,出现坏死灶,盲肠黏膜增厚,有浅平溃疡和坏死,肠道表面附着灰黄色或暗褐色假膜,用刀刮去溃疡,溃疡底呈污灰色,溃疡周围平滑,中央稍下凹,有的形如糠麸,肠系膜淋巴肿大,肝、脾、肾及肺均有干酪样坏死灶。

【诊断】 慢性仔猪副伤寒病例的临床症状及病理变化极为典型,不难做出初步诊断。但急性型和亚急性型病例则很像猪瘟、猪肺疫,诊断较为困难,必须结合其流行特点、临床症状、病理变化及细菌学检查,进行综合诊断。

【防治措施】

①加强饲养管理,改善环境条件,消除各种不良因素对猪群的影响。

②在常发本病的地区,按时对猪群进行仔猪副伤寒菌苗接种。

③药物预防。在仔猪多发日龄阶段,选择敏感药物添加于饲料或饮水中,进行药物预防。

④治疗。应在隔离消毒、改善饲养管理的基础上,以足够的剂量及早进行治疗,同时要有一个较长的疗程。因为坏死性肠炎需要很长时间才能修复,若中途停药,往往会复发而引起死亡。常用的抗生素类药物有土霉素、卡那霉素、多西环素(强力霉素)等。此外,喹诺酮类药物如诺氟沙星、恩诺沙星及磺胺类药物治疗本病也可取得满意效果。

a. 卡那霉素,每天每千克体重 6～12 毫克,肌内注射;精神、食欲明显好转后,剂量减半,继续用 3～5 日。

b. 多西环素,每次每千克体重 1～1.5 毫克,口服,每天 1 次。

c. 复方新诺明每天每千克体重 0.07 克,分 2 次口服,连服 3～5 天。

d. 磺胺脒按每天每千克体重 0.2～0.4 克计算，分 2 次口服，连服 3～5 天。磺胺-5 甲氧嘧啶与抗菌增效剂按 5∶1 混合，按每千克体重 25～30 毫克口服，每日 2 次，连用 3～5 天。

e. 喹诺酮类药物也有较好的治疗效果。恩诺沙星，每千克体重 2.5 毫克，肌内注射，每天 2 次，连用 2～3 天。

14. 猪链球菌病

猪链球菌病是由链球菌属中某些血清群引起的一些疾病的总称。猪常发生的有出血性败血症、急性脑膜炎、急性胸膜炎、化脓性关节炎、淋巴结脓肿等病状。

【流行特点】 病猪及带菌猪是本病的主要传染源，经呼吸道和伤口感染。不同年龄、性别、品种的猪都有易感性，但仔猪和体重 50 千克左右的肥育猪发病较多，发病的哺乳仔猪死亡率高。

本病一年四季均可发生，春季和夏季发生较多，其他季节常见局部流行或散发；在新疫区常呈地方性流行，在老疫区多呈散发。

【临床症状】 本病潜伏期 1～3 天，最短 4 小时，长者可达 6 天以上。根据临床症状和病理变化可分为败血型、急性脑膜炎型、胸膜肺炎型、关节炎型和淋巴结脓肿型。

①败血型。流行初期常有最急性病例，多不见症状而突然死亡，多数病例常见精神沉郁，喜卧，厌食，体温升高至 41℃以上，呼吸急促，流浆液性鼻汁，少数患猪在病的后期，耳尖、四肢下端、腹下呈紫红色，并有出血斑点，可发生多发性关节炎，导致跛行。病程 2～4 天，多数死亡。

②急性脑膜炎型。大多数病例病初表现精神沉郁，食欲废绝，体温升高，便秘，而后出现共济失调、磨牙、转圈等神经症状，后躯麻痹，前肢爬行，四肢做游泳状，最后因衰竭或麻痹而死亡，病程 1～2 天。

③急性胸膜炎。少数病例表现肺炎或胸膜肺炎型。病猪呼吸

急促、咳嗽，呈犬坐姿势，最后窒息死亡。

④关节炎型。多由前三型转来，也可从发病之初即呈现关节炎症状。病猪单肢或多肢关节肿痛、跛行，行走困难或卧地不起，病程2～3周。

⑤淋巴结脓肿型。主要发生于刚断乳至出栏的肥育猪，以颌下淋巴结脓肿最为多见，咽部、耳下及颌部淋巴结也可受侵害，或有双侧的。受害淋巴结呈现肿胀、硬而有热痛（炎症初期），采食、咀嚼、吞咽呈困难状，但一旦肿胀变软时（此时化脓成熟），上述症状消失，不久脓肿破溃，流出绿色或乳白色的浓汁。病程3～5周，一般不引起死亡。

【病理变化】

①急性败血症型。皮肤上有生前样的红斑，尸僵不全，血液凝固不良，口、鼻流出血样泡沫状的液体，淋巴结发黑，气管内充满泡沫，肺充血或有出血斑，心内膜出血，胆囊壁肿大，有时有出血块，肾呈紫色，皮质上密密麻麻地出现出血斑点，膀胱发黑，有出血病变，胃底部出血，脾脏肿大。

②急性脑炎型。脑脊髓液显著增多，脑部血管充血，脑膜有轻度化脓性炎症，软脑膜下及脑室周围组织液化坏死，脑沟变浅。部分病例具有上述败血症的内脏病变。

③急性胸膜肺炎型。肺呈化脓性支气管炎，多见于尖叶、心叶和膈叶前下部。病变部坚实，灰白、灰红和暗红的肺组织相互间杂，切面有脓样病灶，挤压后从细支气管内流出脓性分泌物。肺膜粗糙、增厚，与胸壁粘连。

④慢性关节炎型。受害关节肿胀，严重者关节周围化脓，关节软骨坏死，关节皮下有胶样水肿，关节面粗糙，滑液混浊，呈淡黄色，有的形成干酪样黄白色块状物。

⑤慢性淋巴结炎型。常发生于下颌淋巴结，淋巴结红肿发热，切面有脓汁或坏死。少数病例出现内脏病变。

【诊断】 本病的临床症状及病理变化比较复杂，需与病料抹片检查相结合才能做出初步诊断。确诊需进行细菌的分离培养、鉴定。在诊断上注意败血型球菌病与猪瘟、猪丹毒、猪肺疫、仔猪副伤寒、弓浆虫病相区别；脑炎型链球菌病与伪狂犬病、脑脊髓炎、李氏杆菌病、神经型猪瘟相区别。

【防治措施】

①彻底清除本病传染源。发现病猪，及时隔离治疗，带菌母猪尽可能淘汰，污染的环境和各种用具彻底消毒，急宰猪屠宰后发现可疑病变的猪尸体，要经高温消毒后方可食用。

②消除本病感染因素。猪舍内不能有尖锐易引起猪伤害的物体，如食槽破损尖锐物、碎玻璃、尖石头等易引起外伤的物体，应彻底清除；注意阉割、注射和新生仔猪的断脐消毒，防止通过伤口感染。

③在疫区或疫地合理使用菌苗进行预防接种。

④治疗。猪链球菌病多为急性型，而且对药物特别是抗生素容易产生耐药性。因此，必须早期用药，药量要足，最好通过药敏试验选用最有效的抗菌药物。若未进行药敏试验，可选用对革兰氏阳性菌敏感的药物，如青霉素、四环素、林可霉素、磺胺嘧啶、环丙沙星等。

a. 对淋巴结肿胀，待肿胀成熟后，及时切开，排除脓汁。用3%过氧化氢(双氧水)或0.1%高锰酸钾液冲洗后，涂以碘酊。

b. 环丙沙星治疗猪链球菌病，每千克体重用2.5～10.0毫克，每12小时注射1次，连用3天，能迅速改善症状，疗效明显好于青霉素。

c. 对败血型及脑膜脑炎型，应早期大剂量使用抗生素。青霉素每头每次40万～100万单位，每天肌内注射2～4次；革庆增安注射液，每千克体重0.1毫升，肌内注射，每日2次，也有很好的疗效。为了巩固疗效。应连续用药5天以上。

d. 在治疗过程中有明显发热症状的，用退热剂退热；体质虚弱的，注射维生素 C。

e. 全群口服抗生素，每吨饲料中加入 200 克阿莫西林或 500 克土霉素，连用 7 天以防继发感染。

f. 林可霉素，每千克体重 5 毫克，肌内注射。

g. 氯霉素，每千克体重 10～30 毫克，肌内注射，每天 2 次。

h. 磺胺嘧啶钠注射液，每千克体重 0.07 克，肌内注射。

对已出现脓肿的病猪，待脓肿成熟后，及时切开，排出脓汁，用 3％双氧水或 0.1％高锰酸钾液冲洗后，涂敷碘酊。

15. 猪传染性萎缩性鼻炎

猪传染性萎缩性鼻炎是由支气管败血波氏杆菌引起的慢性传染病。其主要特征为患猪鼻炎、鼻甲骨下陷萎缩、颜面部变形及生长迟缓。

【流行特点】 任何年龄的猪均可感染，但哺乳仔猪，特别是 6～8周龄的仔猪最易感，多引起鼻甲骨萎缩。随着年龄增长，发病率有所下降，病症减轻，3 月龄以后的猪感染，症状不明显，一般成为带菌猪。病猪和带菌猪是本病的主要传染源，传播方式主要通过飞沫感染易感猪。不同品种猪易感性有所差异，如长白猪易感，国内地方品种猪较少发病。本病多为散发，但也可成为地方性流行。饲养管理条件的好坏对本病的发生起重要作用，如饲养管理不良、猪舍拥挤、卫生条件差、营养缺乏等因素可促进本病的发生。

【临床症状】 最早一周龄仔猪可见鼻炎症状，一般 2～3 月龄最显著。病初打喷嚏，鼻孔流出血样分泌物，逐渐形成黏液性、脓性鼻汁，特别在吃食时流出较多。因鼻泪管堵塞而变黑，并常伴发结膜炎。由于鼻黏膜受到刺激，病猪表现不安，经常拱地，摇头，向墙壁、食桶、地面摩擦鼻子。重病猪呼吸困难，发生鼾声。接着鼻甲骨开始萎缩，并延及鼻中隔和筛骨等，颜面呈现畸形，膨隆短缩，鼻弯曲歪斜。这时呼吸更加困难,由鼻孔流出更多黏液或脓性鼻汁,鼻常出血。有时病变由鼻腔蔓延到脑或肺,从而伴发脑炎或肺炎。病猪死亡率不高,但生长停滞,成为僵猪。

【病理变化】 病变局限于鼻腔和邻近组织。特征性变化为鼻甲骨萎缩,尤其是鼻甲骨的下卷曲最常见,严重时鼻甲骨消失,鼻中隔弯曲,导致鼻腔成为一个鼻道,有的下鼻骨消失,只剩下小块黏膜皱褶附在鼻腔外侧壁上。鼻腔黏膜常附有脓性渗出物。

【诊断】 根据本病的流行特点、临床症状及典型病变,不难做出诊断。临床症状不明显时,可通过剖检鼻腔进行诊断。

【防治措施】

①不从疫区引进种猪,确需引进时,必须隔离观察 1 个月以上,证明无本病方可合群。

②加强猪群的饲养管理。仔猪饲料中应配合适量的矿物质和维生素,哺乳母猪与其他猪分开饲养,断乳仔猪实行"全进全出"的饲养方式,避免新断乳仔猪与年龄较大的仔猪接触。

③在本病流行严重的地区或猪场进行菌苗免疫接种。

④治疗。治疗时采用全身与局部相结合的治疗方案,疗效较好。

a. 全身疗法可用链霉素肌内注射,连用 3～5 天,疗效较好,另外,还可选用青霉素、土霉素、磺胺类药等。

b. 对鼻甲骨萎缩的病猪,可用苯丙酸诺龙 0.05～0.1 克肌内注射。隔 14 天注射一次,重症猪隔 3～4 天注射一次,本药只能短期使用。鼻腔可用复方碘溶液、1%～2%硼酸水、0.1%高锰酸钾、链霉素溶液,滴鼻或冲洗鼻腔。

16. 猪痢疾

猪痢疾是由痢疾密螺旋体引起的一种肠道传染病,其特征为严重的胃肠道黏膜出血下痢,粪便中混有大量黏液和血液。

【流行特点】 在自然条件下，本病只感染猪，不分品种、年龄，一年四季均可发生，尤其是刚断乳的仔猪在秋末季节容易发生。主要通过消化道感染，健康猪吃入污染的饲料、饮水而感染。病猪是主要的传染源，也可通过猫、鼠、狗、鸟类、苍蝇等传播媒介引起间接传染。在发病的猪场中常年不断，时好时坏，流行经过缓慢，持续时间较长，不会造成暴发。

【临床症状】 潜伏期长短不一，自然感染多为 7～14 天。腹泻是最常见的症状，但严重程度不同。最初 1～2 周多为急性经过，死亡较多，3～4 周后逐渐转为亚急性或慢性，病程长，但很少死亡。急性病例患猪精神沉郁，食欲减退，体温升高（40～40.5℃），开始水样下痢或黄色软便，之后充满血液、黏液，有腥臭味。腹泻导致脱水，渴欲增加，逐渐消瘦，最终因极度衰竭而死亡或转为慢性，病程 7～10 天。慢性病例症状较轻，病程较长，2～6 周，反复下痢，时轻时重，排出灰白色带黏液的稀便，并常带有暗褐色血液。病猪进行性消瘦，生长滞迟，虽多数能自然康复，但对养猪生产影响很大。

【诊断】 根据本病特征性流行规律、临床症状和病理变化，可对本病做出初步诊断。确诊时，取大肠黏膜或新鲜粪便抹片，结晶紫或瑞氏染色光镜检查，在一个视野中发现 3～5 条以上的螺旋体可以作为定性诊断依据。对慢性病猪或隐性带菌猪以及病猪使用抗菌药物后，其粪便中病原体数量大大减少，对这些病例，此诊断方法常失去其诊断价值。病原体的分离培养和鉴定是确诊本病最可靠的方法。在诊断上应注意与仔猪副伤寒相区别。

【防治措施】

①坚持自繁自养的原则，如果需引进种猪，应从无本病病史的猪场引种，并实行严格隔离检疫，观察 1～2 个月，确实健康方可入群。

②加强猪场的卫生管理和防疫消毒工作。目前国内尚无预防

本病的有效疫苗。一旦发现病猪应及时淘汰或隔离治疗，同群未发病的猪只，可立即用药物预防，同时进行环境清扫和消毒工作，并减少各种应激因素的刺激。

③治疗。

a. 痢菌净，治疗量，每千克体重 5 毫克，内服，每天 2 次，连用 3～5 天；预防量，每吨饲料添加 50 克，可连续使用。

b. 吡哌酸，每千克体重 50～100 毫克，内服，每天 1 次，连用 3～5 天。

c. 林可霉素，治疗量，每吨饲料添加 100 克，连用 3 周；预防量，每吨饲料添加 40 克。

d. 链霉素，治疗量，每千克体重 30～50 克，内服，每天 2 次。5 天为一个疗程，连用 2～3 个疗程。

17. 猪附红细胞体病

猪附红细胞体病是由附红细胞体引起的一种人畜共患传染病。临床上以急性黄疸性贫血和发热为特征。

【流行特点】 各种年龄、不同品种的猪都有易感性，但仔猪更易感，发病率和病死率均较成年猪高。饲养管理不良、气候恶劣、并发其他疾病等应激因素，可使隐性感染的猪发病，或扩大传播使病情加重。本病的传播可能与猪虱子有关，除此之外，还可能通过未消毒的针头、手术器械和交配而感染。

【临床症状】 仔猪感染后症状明显，主要表现为皮肤和黏膜苍白、黄疸，发热，精神沉郁，食欲不振，发病后一至数日内死亡，自然康复者常影响发育，形成“僵猪”。

成年母猪感染后，临床上一般表现为两种类型。急性病例主要表现持续高热，温度一般在 40～42℃，食欲减退或废绝，偶尔有乳房和阴唇水肿，产仔后奶量减少，缺乏母性，产后 3 天后逐渐恢复自愈。慢性病猪呈现躯体衰弱、黏膜苍白及黄疸，不发情或屡配不孕，如果有其他疾病或营养不良，可使病情加重，甚至死亡。

【病理变化】 剖检可见贫血及黄疸，皮肤黏膜苍白，血液稀薄，全身性黄疸。肝脏肿大，呈黄棕色，胆囊内充满黏稠的胆汁，脾脏肿大变软，有时可见淋巴结水肿，胸腹腔及心包腔内有多量液体。

【诊断】 根据临床症状和病理变化，结合流行病学，可以做出初步诊断。确诊需要做实验室检查。

【防治措施】

①本病目前尚无有效疫苗，防治本病主要是采取一般性防疫措施，搞好饲养管理和圈舍卫生，消除一切应激因素，驱除体内外寄生虫，注意医疗器械的清洁消毒。发现病猪，应立即隔离治疗。

②治疗。临床上新砷凡钠明、土霉素、四环素、苯胺亚砷酸等对本病有较好的疗效。

土霉素、四环素：剂量为每千克体重 15 毫克，分 2 次肌内注射，连续使用，直至痊愈，也可按每千克饲料添加 600 毫克土霉素或四环素进行连续饲喂。

新砷凡钠明：剂量为每千克体重 15～45 毫克，治疗时以 5% 葡萄糖溶液溶解，制成 5%～10%注射液，缓慢静脉注射，一般在用药后 2～24 小时内，病原体可从血液中消失，3 天内症状也可消除。苯胺亚砷酸，按每千克饲料 180 毫克混饲，连用 1 周后，改为每千克饲料 90 毫克混饲，连用 1 个月。对可疑病猪，剂量减半。必要时进行对症治疗。

18. 猪断奶后全身消耗综合征

断奶仔猪这一综合征于 1991 年首先发现于加拿大，到 1994 年广泛流行于该国。此病于 1996 年报告于美国和法国，1997 报告于西班牙。自那时以来，此病已在许多其他国家和地区得到了诊断，如意大利、德国、丹麦、荷兰、北爱尔兰和墨西哥。目前，世界上普遍公认该病的病原以圆环病毒为主，我国于2000年检疫到血清阳性猪，并随后分离到猪圆环病毒。

【流行特点】 此综合征可见于5～16周龄的猪，但最常见于6～8周龄，一般有4%～10%的猪发病，这些猪往往散于正常健康猪中。患病个体的早期死亡率可达80%，总的断奶后死亡率通常为7%，但在有些猪群可达18%。

【临床症状】 猪进行性消瘦，被毛粗乱，还常常伴以呼吸道症状，皮肤灰白色，有时还可见黄疸。在许多病例中还可见淋巴结肿大，肿胀的淋巴结有时可被触摸到。其他症状则各不相同，多见于腹泻、肾衰竭和胃溃疡。

此病的一个特点是发展缓慢。有些猪群发病很慢，常可于其他疾病相混淆。猪群的一次发病可持续12～18个月。

【病理变化】 此病的眼观变化具有一些特点：胴体消瘦和黄疸，脾脏和全身淋巴结异常肿大，肾脏有时肿胀并且其上可见白色小点，肺脏如橡皮状并且色泽斑斓。组织学病变有特征性。

【诊断】 根据受害猪的年龄、典型的临床症状和病变即可做出初步诊断。这一疾病是很难确诊的，因为其累及多个器官，其症状不具有特异性，并且影响免疫系统。常常还会同时发生一些别的疾病，如猪繁殖与呼吸综合征、猪链球菌病、沙门氏菌病和化脓性支气管肺炎等。

【防治措施】 抗生素治疗和良好的管理，有助于解决并发感染的问题，但对本病无治疗作用。

目前无疫苗供使用，所以要控制此病只能依靠和加强一般性的管理措施，如降低猪群的饲养密度；实施严格的全进全出制度，至少在同一舍内实施全进全出制度；在每一批猪饲养期间以及在各批猪之间都要实施严格的生物安全措施。在这些措施中应包括使用有效的消毒剂；不要将不同来源的猪混群，也不要将不同日龄的猪饲养在同一空间中，减少应激因素（温度变化、贼风和有害气体），创造良好的饲养环境；采用适当的手段（免疫接种、抗生素治疗和加强管理）来控制并发感染，降低发病猪的死亡率；要尽可能保证猪群具有稳定的免疫状态，主要的是要搞好新猪群的隔离和混群。

19. 猪囊虫病

猪囊虫病是由人的有钩绦虫的幼虫寄生于猪体内所引起的寄生虫病。囊虫病人畜共患，危害严重，直接影响人们的身体健康，也给养猪生产带来一定的经济损失。

【流行特点】 本病多为散发。有散养猪习惯、人无厕所的地区，猪囊虫病发病率较高，主要通过消化道感染，患绦虫病病人是主要传染源。

猪是有钩绦虫（亦称链状带绦虫）的中间宿主，成虫寄生在人的小肠内，虫体每一个孕卵节片内含3万～5万个虫卵，孕卵节片不断脱落，随人的粪便排出体外，一个病人1个月可排出200多个孕卵节片。当猪吞食被孕卵节片污染的饲料或病人粪便时，虫卵进入胃肠，在猪小肠内经24～72小时孵出幼虫钻入肠壁进入血液，通过血液循环到达全身各组织，在肌肉内经2个月左右发育成囊虫，当人吃了未经处理或没有煮熟的猪囊虫肉，或误食附在食品上的囊虫，经胃进入肠内，经2～3个月发育为成虫，又开始产卵，随粪便排出体外。这样人传给猪，猪又传给人，循环不已。

【临床症状】 患猪少量感染时，一般无明显症状，多量囊虫寄生时，猪表现消瘦，拉稀，贫血，水肿，视力减退，四肢僵硬，跛行，抽风，呼吸困难，并伴有短促咳嗽，声音嘶哑，出气打呼噜，肩膀宽，胸粗大，后身躯狭窄，呈“雄狮状”。检查眼睑和舌部，有白色半透明的囊虫结节，触之有波动感。

【病理变化】 严重感染猪的猪肉呈苍白色而湿润，在咬肌、舌肌、肋间肌、臀肌等处有高粱米粒大小的半透明囊泡（俗称“米身肉”或“豆肉”），泡内有小白点，即囊虫。

【诊断】 本病生前诊断较为困难，一般在屠宰后检验，肉眼发现囊虫即可确诊。

【防治措施】

①预防本病的根本措施是积极治疗绦虫病患者，消除传染源。

②要做到人有厕所猪有圈，厕所和猪圈分开，防止猪吃到人的粪便，切断感染途径。

③加强城乡肉品卫生检验，杜绝囊虫病猪肉上市。

④治疗。

a. 吡喹酮，每千克体重 50～80 毫克，口服或以液状石蜡配成20%悬液，肌内注射，每天 1 次，连用 3 天。

b. 丙硫咪唑，每千克体重 30 毫克，每天 1 次，用药 3 次，每次间隔 24～48 小时，早晨空腹服药。

20. 猪蛔虫病

猪蛔虫病是由蛔虫寄生于猪小肠中引起的寄生虫病。主要侵害 3～6 月龄的幼猪，导致猪生长发育不良或停滞，甚至造成死亡。

【流行特点】 本病广泛流行于各类猪场，一年四季均可发生，各种年龄的猪均可感染，尤其是 3～6 月龄的幼猪易感性高，症状明显。病猪和带虫猪是本病的传染源，主要通过消化道感染。在卫生条件差，饲料不足或品质差，缺乏微量元素或维生素，体质弱或者拥挤的猪群最易发生。饮水不洁，母猪乳房污染均可增加仔猪的感染机会。

猪蛔虫的发育过程不需要中间宿主。成虫寄生在猪的小肠内，产卵后，卵随粪便排出体外，在适当的环境中，卵开始发育为幼虫，幼虫在卵内经过两次脱皮达到感染期阶段。当感染期幼虫卵随食物或饮水被猪吃入后，幼虫在小肠内钻出卵壳，侵入肠壁，随血液循环到达肝脏、心脏及肺脏，引起幼虫性肺炎，在猪咳嗽时，幼虫随痰液再一次进入胃肠道，并在小肠内停留下来，发育为性成熟的雄虫和雌虫。雌虫与雄虫交配后受精产卵，一条雌虫一昼夜可产卵 10 万～25 万个，一生可产卵 3000 万个。

【临床症状】 幼猪症状较成年猪明显。蛔虫在小肠内大量寄生时，患猪逐渐消瘦贫血，生长发育缓慢，被毛粗乱，食欲变化无常，腹泻、便秘交替出现。如果寄生虫体过多时，活虫互相缠绕成团，阻塞肠管，造成严重腹痛，甚至引起肠破裂。

有时虫体钻入胆管，引起胆管阻塞出现腹痛和黄疸症状。在幼虫停于肺内期间可引起肺炎，表现为体温升高，精神不振，食欲减退，咳嗽，呼吸困难，有时呕吐。

【病理变化】 幼虫移行过程中的主要病变在肺脏和肝脏。初期呈肺炎病变，肺组织致密，表面有大量出血点或暗红色斑点，可分离获得大量幼虫。肝脏表面有大小不等的白色斑纹。小肠内有大量成虫寄生，肠黏膜呈卡他性炎症、出血或溃疡，肠破裂时可见腹膜炎症和腹膜出血。蛔虫少量寄生时，肠道无明显变化，有时可在胃、胆管、胰脏内查获虫体。

【诊断】 若断乳后幼猪长时期表现消瘦，被毛粗乱，生长发育不良，可怀疑为本病，确诊需对 3 月龄以上的幼猪进行粪便虫卵或虫体的检验。

【防治措施】

①在蛔虫流行的猪场，每年春、秋两季对全群猪只各驱虫一次，特别对断奶后到 6 月龄的仔猪，应驱虫 1～3 次，妊娠母猪在产前 3 个月驱虫。

②加强饲养管理，对断奶仔猪应给予富含维生素和多种微量元素的饲料，以增加抵抗力，同时大小猪只宜分群饲养。

③猪舍及用具应定期消毒，可用 2%～5%热碱水（65℃以上），生石灰、5%～10%苯酚均可杀灭虫卵。

④保持饲料、饮水清洁，严防被猪粪污染。猪粪和垫草清除出

舍后，应堆积发酵。

⑤治疗。

a. 左旋咪唑，每千克体重 4～6 毫克，肌内注射，或每千克体重8 毫克，口服。

b. 丙硫咪唑，每千克体重 10 毫克，拌入饲料喂服。

c. 丙氧咪唑，每千克体重 10 毫克，拌入饲料喂服。

d. 枸橼酸哌哔嗪（驱蛔灵），每千克体重 0.3 克，拌入饲料喂服。

21. 猪肺丝虫病

猪肺丝虫病，又称猪线虫病，是由后圆属线虫在猪肺支气管内引起的寄生虫病。

【流行特点】 本病流行比较广泛，往往造成地方性流行。一年四季均可发生，但夏、秋季多发。各种年龄的猪均可感染，幼龄猪易感性高，侵害严重。病猪和带虫猪是本病的传染源，主要通过消化道感染。

蚯蚓是猪肺丝虫的中间宿主。成虫寄生于猪的支气管和细支气管内，产卵后虫卵在猪咳嗽时咳出，或随痰吞下进入消化道，再随粪便排出体外。当虫卵或幼虫被蚯蚓吞食后，在蚯蚓体内经10～20 天发育成感染幼虫。猪吞食这样的蚯蚓，在消化道内被消化，幼虫脱离蚯蚓钻入肠壁，经淋巴、血液循环到肺，最后在支气管发育为成虫。猪从吞食含感染性幼虫的蚯蚓到肺内发育为成虫需25～35 天。

【临床症状】 患猪轻度感染时症状不明显，严重感染时，主要症状是咳嗽，尤其是早晚和剧烈运动时表现明显，病猪精神委顿，食欲不振，日渐消瘦，毛焦无光，呼吸困难，病程较长者，常形成僵猪。感染量多的严重病例，发生呕吐，腹泻，最后极度衰竭、窒息而死亡。

【病理变化】 剖检时主要病变发生在肺，病变处呈灰白色隆起，界限明显，支气管内有多量成团的虫体和黏液。

【诊断】 若发现猪有经常性咳嗽可怀疑为本病，但确诊需要在粪便中检查到虫卵，或在剖检时发现虫体。

【防治措施】

①对猪群定期进行驱虫，圈舍保持清洁干燥，粪便堆积发酵，消灭虫卵。

②改养猪放牧方式为舍饲方式，防止猪吃到野生蚯蚓。

③治疗。

a. 左旋咪唑，每千克体重 7～8 毫克，一次口服或肌内注射。

b. 丙硫咪唑，每千克体重 10～15 毫克，混入饲料中口服。

c. 伊维菌素，每千克体重 0.3 毫克，一次皮下注射，药效可维持 20 天以上。

22. 猪疥癣病

猪疥癣病是一种由疥螨虫寄生于猪皮肤而引起的慢性皮肤寄生虫病。

【流行特点】 本病各种年龄的猪均可感染，但以仔猪多发。感染发病没有季节性，但秋、冬、春季发病较多，夏季发病较少。带螨猪是主要传染源，健康猪通过与患猪直接接触或接触被污染的栏杆、用具、杂物等而感染。饲养管理条件差或卫生条件差的猪场都会有本病的发生。

疥螨虫在猪皮肤内打隧道寄生，以淋巴液和组织浆液为食，并在洞内产卵繁殖后代。一个雌虫每天产卵 1～2 个。虫卵经过 3～4天卵化成幼虫，再过 2～3 天变成若虫，若虫再经过 3～4 天发育为成虫。性成熟的雌虫与雄虫交配，雌虫在 3～4 天后开始产卵。猪疥螨虫从虫卵发育至成虫，大约需要 15 天时间。

【临床症状】 患猪的病变主要发生在皮肤细薄、体毛较少的头颈、肩胛等部位。大部分先发生在头部，特别是眼睛周围，严重时可蔓延至腹部、四肢乃至全身。由于疥螨虫的口器刺入皮下吸食淋巴液和组织浆，患部开始发红，局部发炎、瘙痒，经常在墙角、猪栏等粗糙处摩擦。数日后皮肤上出现小结节，随后破溃，结成痂皮，体毛脱落。病情严重时出现皮肤干裂，食欲减退，生长停滞，逐渐消瘦，甚至引起死亡。

【诊断】 患猪出现以皮肤瘙痒为主症状时可怀疑此病，确诊应通过刮取痂屑检查发现虫体。

【防治措施】

①要保持圈舍通风透光、干燥清洁，冬春季节勤换垫草。

②猪群不能过于拥挤，定期消毒圈栏、用具等。

③新引进的猪应仔细检查，确定无螨才能合群饲养。

④对猪群进行定期驱虫消毒，对病猪及时治疗。

⑤治疗。

a. 敌百虫，溶解在水中，配成1%～3%浓度喷洒猪体或洗擦患部。间隔10～14天再用一次，效果更好。敌百虫水溶液要现用现配，不宜久存。

b. 伊维菌素，猪每千克体重0.3毫克，皮下注射或浅层肌内注射，药效可在猪体内维持20天左右。

c. 双甲脒，国产双甲脒为12.5%乳油剂40毫升比例，喷洒猪体，现用现配，间隔10天左右再用一次。用于预防可每隔2～3个月喷洒一次。

d. 螨净，用浓度250毫升/升(25%螨净1毫升，加水1000毫升)喷洒。

23. 猪虱病

猪虱病是一种由猪虱寄生于猪体表面而引起的体表寄生虫病。

【临床症状】 猪虱多寄生于耳朵周围、体侧、臀部等处，严重时全身均可寄生。成虫叮咬吸血刺激皮肤，引起皮肤发炎，出现小结节，猪经常瘙痒和磨蹭，造成被毛脱落，皮肤损伤。幼龄仔猪感染后，症状比较严重，常因瘙痒不安，影响休息、食欲以至生长发育。

【诊断】 由于猪虱较大，又寄生于体表，易于做出诊断。

【防治措施】

①要保持圈舍通风透光、干燥清洁，冬春季节勤换垫草。

②猪群不能过于拥挤，定期消毒圈栏、用具等。

③新引进的猪应仔细检查，确定无虱才能合群饲养。

④对猪群进行定期驱虫消毒，对病猪及时治疗。

⑤治疗。

a. 敌百虫，溶解在水中，配成1%～3%浓度喷洒猪体或洗擦患部。间隔10～14天再用一次，效果更好。敌百虫水溶液要现用现配，不宜久存。

b. 伊维菌素，猪每千克体重0.3毫克，皮下注射或浅层肌内注射。

c. 双甲脒，国产双甲脒为12.5%乳油剂40毫升比例，喷洒猪体，现用现配，间隔10天左右再用一次。用于预防，可每隔2～3个月喷洒一次。

24. 猪棉籽饼中毒

【病因】 棉籽饼富含蛋白质，但同时也含有毒物质——棉籽毒素(已知有游离棉酚、棉酚紫、棉酚绿等)。棉籽毒素在畜体内排泄缓慢，有蓄积作用，一次大量喂给或长期饲喂时均可能引起中毒。妊娠母猪和仔猪对棉籽毒素特别敏感，哺乳母猪喂了大量未经处理的棉籽饼，不仅易引起哺乳母猪中毒，而且通过乳汁引起仔猪中毒。

【临床症状】 中毒较轻的患猪仅见食欲减退，下痢。重症患猪精神沉郁，食欲减退或废绝，粪便黑褐色，先便秘后腹泻，混有黏液和血液。皮肤颜色发绀，尤以耳尖、尾部明显。后肢软弱无力，走路摇晃，发抖。心跳、呼吸加快，鼻内有分泌物流出，结膜黯红，有黏性分泌物。肾炎，尿血。血红蛋白和红细胞减少，出现维生素A缺乏症，眼炎，夜盲症或双目失明，妊娠母猪发生流产。

【病理变化】 胃肠黏膜有卡他性或出血性炎症，肝充血肿大，肺充血水肿，肾肿大、出血，胸腹腔有红色透明的渗出液，全身淋巴结肿大。

【诊断】 根据患猪有多喂或长时间饲喂棉籽饼病史，以及患猪的临床症状和病理变化，进行综合分析，做出诊断。

【防治措施】

①用棉籽饼喂猪时，应限制每日喂量。成年猪饲粮中不超过5%，母猪每天不超过250克。妊娠母猪产前半个月停喂，产后半个月再喂。断奶仔猪每天喂量不超过100克。不应长期连续饲喂棉籽饼，一般可间断性饲喂，如喂半个月，停半月再喂。妊娠母猪、哺乳母猪及仔猪最好不喂给棉籽饼。

②加热减毒。榨油时最好能经过炒、蒸的过程，使游离的棉酚变为结合棉酚，以减轻棉酚的毒性。

③加铁去毒。据报道，用0.1%或0.2%的硫酸亚铁溶液浸泡棉籽，棉酚的破坏率可达到81.81%。

④若发现因棉籽饼中毒，必须立即停喂棉籽饼，改换其他饲料。治疗时，可用5%碳酸氢钠水洗胃或灌肠；胃肠炎不严重时，可内服盐类泻剂，如内服硫酸钠或硫酸镁25～50克；胃肠炎严重时，使用消炎剂、收敛剂，如内服磺胺脒5～10克、鞣酸蛋白2～5克；用安钠咖5～10毫升，皮下或肌内注射；用5%葡萄糖盐水注射液300～500毫升，静脉或腹腔注射。

25. 猪菜籽饼中毒

【病因】 菜籽饼是一种蛋白质饲料，但菜籽饼中含有芥子苷、苷子酸钾、苷子酶和苷子碱等成分，特别是其中的芥子苷在芥子酶作用下，可水解形成异硫酸丙烯酯或丙烯基芥子油等有毒成分。若不经处理，长期或大量饲喂可引起中毒。

【临床症状】 患猪表现为腹痛、腹泻，粪便带血，食欲减退或废绝，口吐白沫，有时出现呕吐现象，排尿次数增多，有时尿中有血。呼吸困难，咳嗽，鼻腔中流出泡沫样液体，结膜发绀。严重中毒时，精神极度沉郁，四肢无力，站立不稳，体温下降，耳尖和四肢末端发凉，瞳孔放大，心脏衰弱，最后虚脱而死。

【病理变化】 肠黏膜充血或点状出血，胃内有少量凝血块，肾出血，肝混浊肿胀。心内外膜有点状出血。肺水肿、气肿。血液如漆样，凝固不良。

【诊断】 根据患猪有多喂或长时间饲喂菜籽饼病史，以及患猪的临床症状和病理变化，进行综合分析，做出诊断。

【防治措施】

①菜籽饼喂猪要限制用量，一般应占饲粮含量5%以下。

②配合猪的饲粮时，不要单独使用菜籽饼，应与其他类蛋白质饲料进行搭配。

③要进行脱毒处理。

a. 坑埋脱毒法：选择向阳、干燥、地温较高的地方挖一约1立方米的土坑（按菜籽饼的数量决定坑的大小），将菜籽饼用一定数量的水（1∶1水量效果最好）浸透泡软后埋入坑内，顶部和底部盖一薄层麦草，盖土20厘米，2个月取出使用，平均脱毒率为85%左右。

b. 发酵中和法：在发酵池或缸中放入清洁的40℃温水，然后将碎菜籽饼投入发酵。饼与水的比例为1∶（3.5～4），温度以

38～40℃为宜，每隔 2 小时搅拌 1 次，经 16 小时左右，pH 值达 3.8 后，继续发酵 6～8 小时，充分滤去发酵水，再加清水至原有量，搅拌均匀，后加碱中和。中和时，碱液浓度要适宜。在不断搅拌下，分次喷入，中和到 pH 值保持 7～8 不再下降为止。沉淀 2 小时，滤去废液，湿饼即可作饲料。如长期保存，还须进行干燥处理。本法去毒效果可达 90%以上。

c. 若发现菜籽饼中毒，必须立即停喂菜籽饼，改喂其他蛋白质饲料。治疗时用 0.5%～1%鞣酸洗胃，内服蛋清、牛奶豆浆等，肌内注射 10%安钠咖 5～10 毫升。

26. 猪霉败饲料中毒

【病因】 饲料保管和贮存不善，如淋雨、水泡、潮湿，加工调制不当等，给霉菌和腐败菌创造了生长繁殖条件，使饲料发霉、腐败变质，产生大量有毒物质，如蛋白质的分解产物和细菌毒素（黄曲霉素、赤霉菌毒素、棕曲霉毒素、黄绿青霉素等）等。当猪采食霉败变质饲料后，很快就会引起急性中毒。若长期少量喂饲这种饲料，也会引起慢性中毒。

【临床症状】 猪中毒后，初期表现为精神不振，食欲减退，结膜潮红，鼻镜干燥，磨牙，流涎，有时发生呕吐，便秘，排便干而少，后肢步态不稳。病情继续发展，食欲废绝，吞咽困难，腹痛拉稀，粪便腥臭，常带有黏液和血液。最后病情发展更严重时，病猪卧地不起，失去知觉，呈昏迷状态，心跳加快，呼吸困难，全身痉挛，腹下皮肤出现红紫斑。病初体温升高到 40～41℃，病后期体温下降。慢性中毒时，表现为食欲减退，消化不良，猪体日益消瘦。妊娠母猪常引起流产，哺乳母猪乳汁减少或无乳。

【病理变化】 胃黏膜发红有出血斑，胃壁肿胀，肠系膜呈姜黄色。心外膜有出血点，心内膜有多量出血。膀胱黏膜充血或出血，肺有不同程度水肿，肝大呈黄色。

【诊断】 发现可疑病例,应详细了解病史,并对现场饲料样品进行检查,做出初步诊断。确诊要进行饲料中各种毒素的测定和细菌培养。

【防治措施】

①要禁止用霉败变质饲料喂猪,若饲料发霉较轻而没有腐败变质,经暴晒、加热处理等,可以限量喂给。

②发现中毒后,要立即停喂霉败饲料,改喂其他饲料,尤其是多喂些青绿多汁饲料。治疗时可采取排毒、强心补液、对症治疗胃肠炎等措施,如用硫酸钠或硫酸镁 30～50 克,一次加水内服;用 10%～25%葡萄糖溶液 200～400 毫升、维生素 C 10～20 毫升、10%安钠咖 5～10 毫升,混合一次静脉或腹腔注射;用氯霉素按每千克体重 0.01～0.03 克,肌内注射,每日 1～2 次;磺胺脒 1～5 克,加水内服,每日 2 次。

27. 猪食盐中毒

【病因】 食盐是猪体不可缺少的营养物质,适量的食盐能增进食欲,促进生长,但过量喂给可引起中毒,甚至造成死亡。食盐中毒主要是由于突然喂了大量食盐,或大量饲喂含盐量很高的酱油渣、咸鱼粉、盐腌物质、咸菜水等,加之饮水不足而造成的。猪对食盐比较敏感,尤其是仔猪更敏感,食盐对猪的中毒致死量为 125～250 克,平均每千克体重 3.7 克。如果猪每天按每千克体重摄取 2 克食盐,在限制饮水条件下,2～3 天后就会出现中毒症状。

【临床症状】 患猪表现为精神不振,食欲减退或废绝,流涎,呕吐,极度口渴,结膜潮红,腹痛,便秘或下痢,便中带血。神经功能紊乱,前冲后退,有时转圈,呼吸困难,瞳孔放大,结膜潮红,抽搐,心脏衰弱,卧地不起,最后昏迷而死亡。

【病理变化】 尸僵不全,血液凝固不全,胃黏膜充血、出血,有的出现溃疡。肝大、瘀血,胆囊肿大,胆汁淡黄。脑脊髓呈现不同程度充血、水肿，急性病例的脑膜和大脑实质（特别是皮质）最为明显。

【诊断】 根据患畜采食过量食盐或限制饮水的病史，有突出神经症状但无体温反应等特点，以及脑组织出现水肿、充血，胃肠道黏膜炎症，即可做出初步诊断。确诊需进行血钠和组织（肝、脑）中钠离子含量的测定。

【防治措施】

①要严格掌握每头猪每天食盐喂量，大猪 15 克，中猪 10 克，小猪 5 克左右。利用酱油渣、鱼粉等含食盐较多的饲料喂猪时，应与其他饲料合理搭配，一般不能超过饲料总量的 10%，并注意每天随时饮足量的水。

②发现猪食盐中毒后，就立即停喂含盐过多的饲料。这时病猪表现极度口渴，可供给大量清水或糖水，促进排盐和解毒；利用硫酸钠 30～50 克或油类泻剂 100～200 毫升，加水一次内服；用 10%安钠咖 5～10 毫升、0.5%樟脑水 10～20 毫升，皮下或肌内注射，以强心利尿排毒。

28. 猪磺胺类药物中毒

【病因】 磺胺类药物为临床上常用药物之一，如果用量过多或用法不当，就会引起中毒。

【临床症状】 患猪表现精神不振，食欲减退或不食，体温正常或略高，被毛粗乱，喜卧，皮肤有的部分呈紫红色。有的腹泻，排出灰黄色稀便，痉挛，后肢无力。本病突出症状是病猪后肢跛行或拖拉后肢行走，重症者多卧地不起。

【病理变化】 皮下有少量淡黄色液体，皮下与骨骼肌有不同程度的出血斑。淋巴结肿大，呈暗红色，切面多汁。小肠有卡他性炎症，盲结肠黏膜有小块状出血斑，肾肿大，呈淡土黄色，肾盂内有黄白色磺胺结晶沉积物。

【诊断】 根据患猪过量或长时间服用磺胺类药物的病史，以及患猪的临床症状和病理变化，进行综合分析，做出诊断。

【防治措施】

①使用磺胺类药物时，必须严格控制剂量和疗程，一般3～5天为一疗程。

②一旦出现中毒，立即停药进行治疗，可用1%硫酸铜100毫升内服，催吐；用0.05%高锰酸钾溶液反复洗胃；用硫酸钠或硫酸镁按每千克体重1克，加水适量，内服，促使磺胺类药下泻；用5%葡萄糖盐水注射液100毫升，维生素B_1和维生素C各2毫升，静脉或腹腔注射，每日2次，连用2天，以补液解毒。

29. 猪的佝偻病与软骨病

佝偻病常发生于生长迅速的幼龄猪，软骨病多见于妊娠后期和过多泌乳的母猪。

【病因】 饲料中钙和磷缺乏，或二者比例失调或维生素D缺乏又日光照射不足时，幼龄猪发生佝偻病，成年猪形成软骨病。此外，猪的胃肠道疾病、寄生虫病、先天发育不良、饲粮中蛋白质饲料过多，均会诱发本病。

【临床症状】 先天性佝偻病仔猪生下来即见颜面骨肿大，硬腭突出，四肢肿大，行走时关节不能屈曲。后天性则病程进展缓慢，患猪喜食泥土，啃咬饲槽、墙壁等，食欲减退，被毛粗乱，生长不良；继而喜卧、厌动，发生跛行，步样强拘，行走困难，强行运动时，步态蹒跚，有时出现低钙性抽搐，突然倒地等症状。病情严重时，骨骼变形，关节部位肿胀、肥厚，有的不能站立，胸廓两侧扁平狭小。

成年猪患骨软病时表现行动强拘，后躯麻痹，跛行，自发性股骨、腰椎、骨盆骨等骨折。

【诊断】 根据患猪骨骼变形、跛行等症状即可做出初步诊断。

必要时进行骨髂穿刺，穿刺部位在两眼角连线中点稍偏下缘处，用纳鞋底的锥子代用易穿入，骨质硬度降低即可确诊。

【防治措施】

①改善仔猪、妊娠及哺乳母猪的饲养管理，给予含钙、磷充足且比例合适的饲料，饲料中可补加鱼肝油或经紫外线照射的酵母。

②加强运动和放牧，保持猪舍光线充足、通风、温暖、干燥，有条件时冬季可用紫外线照射，每天 1 次，时间 15～20 分钟，距离 1～1.5 米。

③治疗。

a. 维生素 D 制剂注射液，每头 1～2 毫升，肌内注射，每日 1 次，连用 5～7 天。

b. 浓缩维生素 AD，每头 0.5～1 毫升，拌入饲料中喂服，每日 1 次，连用数天。

c. 骨化醇胶性钙，每头 1～2 毫升，肌内注射。

钙磷制剂的补充与维生素 D 同时进行。饲料中可补加骨粉、鱼粉、甘油磷酸钙等，同时要适当运动和照射阳光。

30. 猪白肌病

【病因】 猪白肌病的发生原因比较复杂，主要与缺乏维生素 E 和微量元素硒以及运动不足有关，本病主要发生在 20 日龄以内的仔猪，30～60 千克体重生长比较快的猪也多发。本病的发生有一定的地区性，我国东北地区比较严重。

【临床症状】 患猪一般营养较好，精神、食欲、体温正常，随着病情发展而出现不愿走动，心跳加快。再进一步发展，则出现腿硬拱背，走路摇晃，前腿跪下，最后呼吸困难，心脏衰竭而死。

【病理变化】 剖检病死猪可发现皮肤发白，结膜苍白水肿。肌肉像水煮过一样，横切面有灰白色坏死灶。肝脏淤血、肿胀、质脆，有的病例有坏死或出血。

【诊断】 本病多发于青饲料缺乏时，根据临床症状和病理变化，特别是用硒和维生素 E 进行治疗效果的验证不难诊断。

【防治措施】

①在本病发生地区，应注意在猪饲粮中添加维生素 E 制剂和亚硒酸钠。

②对病猪可注射维生素 E 注射液 2～3 毫升(每毫升含维生素 E 5 毫克)，连用 3 天，同时皮下注射 0.1%亚硒酸钠注射液 1～3 毫升。

31. 猪维生素 A 缺乏症

【病因】 原发性维生素 A 缺乏症主要见于饲料中胡萝卜素或维生素 A 含量不足；饲料加工不当，使其氧化破坏；饲料中磷酸盐、亚硝酸盐含量过高，中性脂肪和蛋白质含量不足，影响维生素 A 在体内的转化吸收；机体由于泌乳、生长过快等原因需要量增加。继发性维生素 A 缺乏症主要见于慢性消化不良和肝脏疾病(引起胆汁生成减少和排泄障碍，影响维生素 A 的吸收)以及某些热性病、传染病等。哺乳仔猪维生素 A 缺乏则与母乳质量有关。

【临床症状】 仔猪发病后典型症状是皮肤粗糙、皮屑增多、咳嗽、下痢、生长发育迟缓。严重病例，表现运动失调，多为步态摇摆，随后失控，最终后肢瘫痪。有的猪还表现行走僵直、脊柱前凸、痉挛和极度不安。在后期发生夜盲症、视力减弱和干眼。妊娠母猪常出现流产和死胎，所生仔猪瞎眼或眼畸形，全身水肿，体质衰弱，易患病和死亡。公猪性欲下降或精子活力低以及排死精子。

【病理变化】 无特征性变化，主要变化是胃肠道炎症和黏膜增厚。也可见心、肺、肝、肾充血。

【诊断】 根据长期不喂青绿饲料等有关病史，临床上出现神经症状、夜盲症和皮肤粗糙，公母猪性机能异常，即可做出初步诊断。本病应与食盐中毒、硒缺乏症、李氏杆菌病、猪瘟等相鉴别。

【防治措施】

①保证饲料中含有充足的维生素 A 或胡萝卜素及玉米黄素，消除影响维生素 A 吸收、利用的不利因素。

②做好饲料的收割、加工、调制和保管工作，如谷物饲料贮藏时间不宜过长，配合饲料要及时饲喂。

③发病后，可肌内注射维生素 AD 2～5 毫升，隔日 1 次。吃食猪可每日将 10～15 升鱼肝油拌入饲料中。尚未吃食的猪可灌服鱼肝油 2～5 毫升，每日 2 次。对眼部、呼吸道和消化道的炎症应对症治疗。

32. 猪维生素 B 缺乏症

【病因】 维生素 B 缺乏症是由 B 族维生素缺乏引起的多种疾病的总称。维生素 B 来源广泛，在青饲料、酵母、麸皮、米糠及发芽的种子中含量较高，只有玉米中缺乏，但 B 族维生素易于在水中丧失，很少或几乎不能在体中贮存，因此，饲粮中短期缺乏或不足就足以影响动物的健康。

【临床症状】

①硫胺素（维生素 B_1）缺乏症。硫胺素缺乏时，病猪食欲显著下降，呕吐，腹泻，生长不良，皮肤和黏膜发绀，可突然死亡。

②核黄素（维生素 B_2）缺乏症。患猪发病初期表现生长缓慢，消化功能紊乱，患白内障，皮肤粗、干变薄，继而发生红斑疹及鳞屑性皮炎，局部脱毛、溃疡、脓肿等。这些病变主要见于鼻和耳后、背中线及其附近、腹股沟区、腹部及蹄冠部等处。母猪还可引起繁殖及泌乳性能不良。

③泛酸（维生素 B_3）缺乏症。患猪食欲不振，生长发育不良，被毛脱落，运动失调，拉稀，咳嗽。母猪表现繁殖和泌乳性能降低。病理剖检时可见结肠充血、水肿和发炎。

④维生素 B_6（吡哆素）缺乏症。患猪生长停滞，腹泻，严重的

红细胞低色素性贫血，抽搐，运动失调以及肝脂肪浸润。在癫痫型抽搐之前，猪常表现为激动和神经质。

⑤生物素（维生素 H）缺乏症。患猪表现为脱毛，患皮肤病，皮肤溃疡，后腿痉挛，蹄横向开裂、出血及口腔黏膜炎症等。

⑥烟酸（维生素 PP）缺乏症。患猪食欲消失，消瘦，严重腹泻，患皮炎，神经紊乱，贫血。

【诊断】 在了解使用过的饲料基础上，结合临床症状，用药物试治，可以做出判断。

【防治措施】 在饲粮配合时，注意充分供应富含维生素 B 的糠麸及青绿饲料，在治疗病猪时，应添加维生素 B 或增加糠麸及青绿饲料。

33. 猪胃肠炎

猪的胃肠炎，是指胃肠黏膜及其深层组织的炎症变化。

【病因】 无论是原发性的或继发性的，都与胃肠卡他类同，主要是病势比较剧烈。主要病因是喂给腐败变质、发霉、不洁净的饲料和饮水、冰冻饲料，误食有毒物质等，此外，冬季受寒、猪瘟等也能引发胃肠炎。

【临床症状】 突然出现剧烈而持续性腹泻，排出物呈水样，有时带有假膜、血液或脓性物，味恶臭。食欲减退或废绝，渴感严重，并伴有呕吐，有时呕吐物中带有血液或胆汁。精神沉郁，喜卧，间或发生急性腹痛而表现不安。体温通常升高至 40～41 ℃。耳尖及四肢末梢有冷感，鼻盘干燥，可视黏膜发红，呼吸加快，皮温不均。重症时，肛门失禁，呈里急后重现象。随着病情的发展，患猪眼窝下陷，呈失水状。四肢无力，最后起立困难，呼吸、心跳加快而微弱，肌肉震颤，体温下降，随后全身衰竭而死。病情重者 1～3 天死亡，较轻者可延至 1 周左右。

由中毒引起的胃肠炎，体温往往正常，有腹痛症状而不一定发生腹泻，严重者食欲消失，随后四肢无力，经 1～3 天全身痉挛而死。

【防治措施】

①加强饲养管理，防止喂给有毒食物及腐败发霉饲料，注意饮水清洁，定期做好肠道寄生虫的驱虫工作，在冬季应做好棚舍通风保温工作，以防感冒。

②一旦发生胃肠炎要及时进行治疗。抑菌消炎是根本，可用黄连素、庆大霉素、氯霉素（每千克体重 0.2～0.5 克）、诺氟沙星（每千克体重 0.2～0.4 克）等口服。用人工盐、液状石蜡等缓泻，用木炭末或硅碳银片等止泻。脱水、自体中毒、心力衰竭等是急性胃肠炎的直接致死因素。因此，施行补液、解毒、强心是抢救危重胃肠炎的三项关键措施，输注 5%葡萄糖生理盐水、复方氯化钠和碳酸氢钠（后两者不能混用）是较常用的方法。应用口服补液盐放在饮水中让病猪足量饮用也有较好效果。若有腹痛不安或呕吐表现时，内服颠茄或复方颠茄片。必要时可肌内注射阿托品。

34. 猪便秘

猪的便秘以粪便干硬、停滞肠内、难以排出为特征，是一种常见的消化道疾病。

【病因】 猪发生便秘主要原因是饲养管理不当，如长期饲喂含粗纤维过多的粗糙谷壳、花生壳、稻草秸及酒糟等饲料，或精料过多、青饲料不足，或缺乏饮水，或饲料不洁如混有多量泥沙和其他异物等。临床上常见到以纯米糠饲喂刚断乳的仔猪、妊娠后期或分娩不久伴有肠弛缓的母猪而发生便秘的。某些传染病或其他热性病及慢性胃肠疾病进程中，也常继发本病。

【临床症状】 病初只排少量干硬附有黏液的粪球，随后经常做排粪姿势，不断用力努责，但只排少量黏液，无粪便排出。病猪食欲减退或废绝，有时饮欲增加，腹围逐渐增大，呈现呼吸增数、起卧不安、回顾腹部等腹痛表现。听诊里面蠕动音微弱,甚至废绝,触诊腹下侧,有时可摸到肠中干硬的粪球,多呈串珠状排列。原发性便秘体温正常,继发性便秘则伴有原发病的临床症状。

【防治措施】

①科学配合饲料,喂给充足的青绿或块根等多汁饲料,对于干固或粗纤维饲料,应经磨粉发酵等加工处理后,在合理搭配的情况下喂给。

②经常供给充足的饮水,尤其在多汁饲料缺乏的情况下更为重要。同时要加强运动。

③治疗。首先解除病因。在大便未通前禁食,或仅给少量青绿多汁饲料,但可供给饮水。内服泻剂配合深部灌肠能有效地治疗本病。

a. 疏通肠道,可用硫酸钠(镁)30～80克或液状石蜡50～150毫升或大黄末50～100克等加入适量水内服。

b. 用温肥皂水溶液(45℃左右),通过洗胃器或注射器深部灌肠,最好送到干固粪便附近,使之软化并配合腹部按摩,促使粪块排出。

c. 腹痛不安时,可肌内注射20%安乃近注射液3～5毫升,或2.5%盐酸氯丙嗪2～4毫升。

d. 心脏衰弱时,可用强心剂如10%安纳咖2～10毫升。

35. 猪胃食滞

【病因】 猪处于饥饿状态下贪吃了大量饲料;也可能多吃了易膨胀和发酵的饲料,如大豆、霜后苜蓿、醪糟等,食后又大量饮水,使胃内被大量饲料充满,引起胃壁扩张的消化障碍。此外,突然更换饲料或运动不足等也能引起发病。

【临床症状】 患猪食欲减退或废绝,有时可见呕吐,吐出物酸臭。腹围膨大,压诊腹壁坚实,有痛感。眼结膜发红,呼吸急促。

急性病例常出现腹痛，表现起卧不安，两前蹄刨地，体温一般无变化。

【防治措施】

①喂食要定时定量，防止过食。

②经常给以适当运动，以增强胃的消化能力。

③一旦发病，应限制喂食和饮水，促其做缓步运动或腹部按摩，对病情严重者应谨慎，防止胃破裂。

④药物治疗。可用吐酒石或吐根 2～3 克，一次内服，做催吐用。用克辽林 1～4 毫升加适量水一次灌服，防止胃内容物发酵。还可用液状石蜡或植物油作泻剂。

36. 猪腹膜炎

【病因】 本病是腹腔浆膜发炎，由腹壁创伤、细菌经伤口感染而引起；母猪阉割手术、剖腹手术等感染，是本病发生的主要原因。严重的肠炎、便秘或子宫炎等病的蔓延以及寄生虫的侵袭，使肠壁失去正常的屏障作用，肠内细菌经肠壁侵入腹腔，也可导致发生腹膜炎。

【临床症状】 本病从病程上看，可分为急性与慢性；从损害范围来分，可分为局限性与弥漫性；就其病理变化上来分，有浆液性、纤维性、化脓性之分。

急性型腹膜炎有明显的全身症状，如发烧、心跳加快，明显的胸式呼吸。病猪有痛苦感，低头喜卧，口渴，腹围下垂。急性弥漫性腹膜炎，在一天之内就可死亡。

慢性腹膜炎多见于局限性，一般无明显的全身症状，腹壁局部有硬块，生长迟缓，病程相当长，可拖几个月，有的待肥育后宰杀，从酮体中才发现；有个别慢性弥漫性腹膜炎，若用抗生素治疗，也能拖延 1 个月有余。

【防治措施】

①在进行腹腔手术及助产过程中应注意消毒卫生工作，以防止病菌的感染。

②加强防疫和饲养管理工作，以增强猪体抗病力。

③经常做好饮水与青料的清洁卫生工作，以防止寄生虫的侵袭。

④治疗。局限性腹膜炎可应用青霉素、链霉素或磺胺类药物。若腹内有多量渗出液，应及时穿刺放液，再反复用生理盐水冲洗，直至洗出液变清为止，然后注入青霉素或链霉素。

37. 猪支气管炎

【病因】 饲养管理不良是引发本病的主要原因之一，如猪舍狭窄、低温、猪群拥挤或因某些有害气体的侵入所引起。有时继发于感冒。

【临床症状】 病初有阵发性短而干的咳嗽，咳时有疼痛感，逐渐变为湿咳并伴有呼吸困难症状。听诊肺部有啰音，如分泌物厚而黏时，可听到捻发音，压诊胸壁疼痛，精神、食欲不好。仔猪患此病时，常喜卧而不愿多动，体温往往增高，病情严重的常转为支气管肺炎。如果无并发症，通常 7～10 天可恢复。若转为慢性支气管炎时，病猪消瘦、咳嗽、气喘，常因极度衰弱而死亡。

【防治措施】

①保持猪舍干燥清洁，冬暖夏凉，防止猪群拥挤，预防感染。

②用以下药物消炎及预防并发支气管肺炎。

a. 青霉素：每千克体重 1 万～1.5 万单位，用蒸馏水稀释，肌内注射，每天 2 次。

b. 10%磺胺嘧啶钠注射液，首次 30～60 毫升，肌内注射，以后隔 6～12 小时注射 20～40 毫升。

c. 盐酸土霉素，0.5～1 克，用 5%葡萄糖液溶解，肌内注射，每天 1～2 次。

③祛痰止咳，可用以下药物：

a. 氯化铵、重碳酸钠各 10 克，分为 2 包，每天 3 次，每次 1 包。

b. 复方甘草合剂 10～20 毫升，每天 2 次。

c. 氯化铵 2～4 克，人工盐 10～30 克，一次内服，每天 2 次。

38. 猪肺炎

肺炎是肺实质发生炎症。因病因、病变性质及范围不同，常见的有小叶性肺炎、大叶性肺炎和异物性肺炎。

【病因】 小叶性肺炎和大叶性肺炎是因为饲养管理不当，猪舍脏乱，阴暗潮湿，天气严寒，冷风侵袭及肺炎双球菌、链球菌等侵入猪体内所致。此外，某些传染病（如流感、猪肺疫等）及寄生虫病（如猪肺丝虫病、猪蛔虫病等）也可继发本病。

异物性肺炎（坏死性肺炎）多因投药方法不当，将药投入气管所引起。

【临床症状】 猪患小叶性肺炎和大叶性肺炎时，体温可升高到 40℃以上，食欲减退或废食，精神不振，结膜潮红，咳嗽，呼吸困难，心跳加快，粪干，寒战，喜钻草垛，鼻流黏液性或脓性鼻液，胸部听诊有捻发音和啰音。

异物性肺炎，除病因明显外，常发生肺坏疽，流出灰褐鼻液，并有恶臭味。

【防治措施】

①加强饲养管理，防止猪感冒。

②给猪投药时，要正确掌握要领，谨慎操作，防止投错。

③治疗。

a. 青霉素，每千克体重 1 万～1.5 万单位，用蒸馏水稀释，肌内注射，每天 2 次。

b. 链霉素，每千克体重 10 毫克，用蒸馏水稀释，肌内注射，每天 2 次。

c. 20%磺胺嘧啶钠 20 毫升，一次肌内注射，每天 2 次。

d. 硫酸卡那霉素，猪每千克体重 2 万～4 万单位，肌内注射，每天 1 次。

e. 2.5%恩诺沙星注射液，每千克体重 1 毫升，肌内注射，每天 1 次；环丙沙星、恩诺沙星等，参照说明书使用。

39. 猪中暑

猪对热的耐受力差，长时间在烈日照射下，就会发生日射病，而在潮湿闷热的环境中则易引起热射病。日射病和热射病通常称为中暑。

【病因】 猪中暑主要发生在炎热的夏季，猪长时间受烈日照射、长途运输、追赶、过度疲劳及猪舍狭窄、猪多拥挤、通风不良，影响体热散发，都易引起本病发生。

【临床症状】 患猪表现为突然发病，呼吸急促，心跳加快，体温升高到 42℃以上，眼结膜充血，口吐泡沫，兴奋狂躁不安，出汗，走路摇晃，瞳孔放大，卧地不起，如果抢救不及时，常因心脏衰竭而死亡。

【防治措施】

①夏季猪舍要通风良好，运动场应搭好凉棚。

②在猪圈或运动场一角设浅水池，经常供给清凉饮用水。

③发现猪中暑时，应立即将患猪移至凉爽通风的地方，并用冷水喷洒头部，剪尾和耳尖放血。静脉或腹腔注射葡萄糖生理盐水 100～500 毫升。对精神兴奋的患猪可注射氯丙嗪，每千克体重 2 毫克。

40. 猪风湿病

【病因】 病因不十分明确，潮湿、寒冷、运动不足、过肥及饲料变换等可能成为诱因。

【临床症状】 多见突然发病，患部肌肉紧张疼痛，步态强拘。先从后肢开始发病，逐渐向腰部及全身扩大。跛行随着运动时间的增加而缓解。关节风湿以肿胀为主，突然发生一至数个关节，以腕关节和膝关节多见，患部有热感，压之疼痛，病猪卧倒后不愿起立。

【防治措施】

①圈舍内垫草要经常换晒；堵塞圈舍一些破损洞孔，避免猪在寒冷季节淋雨。

②患猪可用2.5%醋酸可的松注射液5～10毫升，每天2次，肌内注射；或用醋酸氢化可的松注射液2～4毫升，患部关节腔内注射。

41. 猪异食癖

【病因】 饲料单一，营养不全；饲粮中缺乏某些矿物质和维生素，蛋白质和某些氨基酸及食盐供给不足；钙磷比例失调，发生佝偻病和软骨病；慢性胃肠疾病、寄生虫病等，都可发生异食癖。

【临床症状】 患猪主要表现为舔食各种各样的异物，啃吃泥土、石块、砖头、煤渣、烂木、破布、尿碱、猪屎等；舍饲育成猪相互咬对方尾巴、耳朵，喝血，常互相攻击而发生外伤，食欲减退，被毛粗糙，拱背，磨牙，消瘦，生长发育停滞；成年母猪泌乳减少，甚至吞食胎衣和仔猪。

【防治措施】

①要加强饲养管理，合理配合饲粮，保证饲粮各种营养充足，比例适当。

②发现患猪，应分析病因，及时治疗。如果因饲粮中缺乏蛋白质和某些氨基酸引起的异食癖，应对原饲粮添鱼粉、血粉、肉骨粉或豆饼等；若缺乏维生素，应增喂青绿多汁饲料；若因佝偻病和软

骨病，应补充骨粉、碳酸钙、磷酸钙及维生素 D 等。

42. 猪脱肛

【病因】 猪脱肛是指直肠的一部分或大部分脱出于肛门外面。本病多发生于体质衰弱的小猪，常因消化不良、便秘或顽固性下痢引起。母猪分娩时过度努责，也往往造成脱肛。

【临床症状】 患猪表现为直肠脱出肛门，不能自行恢复。呈圆柱或半圆球形，初期黏膜呈粉红色，时间稍长因肠管受到肛门括约的钳压，血流不畅造成淤血和炎症水肿，黏膜呈暗紫色，表面干燥，形成横的皱襞。最后变为化脓性坏死，严重的可因败血症而死亡。

【防治措施】

①对幼龄猪，要喂柔软饲料，保证有足够的蛋白质和青饲料供应，平时应适当地给予运动，饮水要充足。

②猪发病后，治疗的原则是整复脱出的肠管，防止继发外伤和坏死。整复前用 0.5%高锰酸钾水或 1%明矾水冲洗直肠和肛门周围的污染物。助手将猪的后腿抬起，术者把脱出的直肠送回。如果脱出时间较长，黏膜发生水肿和轻度坏死，整复有一定困难，可针刺水肿黏膜，排出水肿液，小心剪去坏死膜，但切忌剪断肠壁肌层，然后撒布明矾粉，将脱出的肠管送回。整复时为防止努责，可在肛门边缘 1～2 厘米处，上、左、右三点皮下注射酒精液或 1%奴夫卡因 10～30 毫升。整复后为防止再脱，可在肛门周围做烟包式缝合。入针时不要穿过直肠腔，留出一定的排粪口，经 7～10 天拆除缝线。

43. 猪创伤

【病因】 猪体的创伤一般是由于锐性外力或强烈的钝外力作用猪体，使局部组织出现损伤。如猪互相咬架，车轮碾压或重物挤压及镰刀、钉子、树杈子等尖锐物体的扎、切等均可引起创伤。

【临床症状】 创伤发生后根据有无细菌感染化脓情况，可分为新鲜创伤和化脓感染创伤。新鲜创伤是发生不久或没有被细菌感染的创伤，主要表现为出血、疼痛和一定程度的功能障碍，创伤周围有不同程度肿胀。化脓感染是指创伤内被细菌感染，出现了化脓性炎症，除具有新鲜创伤某些症状外，又可分为化脓创伤和肉芽创伤。化脓创伤指创伤部位出现化脓性炎症，创伤组织充血、增温、化脓，并有脓汁渗出。肉芽创伤指创伤部位化脓性炎症减轻或消退，有肉芽组织生成，呈红色，表面平整，颗粒状，上面附有少量稠的脓汁。

【防治措施】

①不同圈的猪只混群时要加强管理，防止殴斗，尤其是种公猪外逃互斗。

②防止过激驱赶猪只，采取一些防范措施，避免猪体被尖锐物体扎伤、划伤。

③治疗。

a. 对新鲜创伤，如果创缘整齐，创内没有破坏组织和异物，用生理盐水洗净、擦干后撒布青霉素和消炎粉，再用5%碘酊涂擦创口周围，根据创口大小可行缝合或开放疗法。如果创口内有异物（如毛、草、泥、沙）或损伤的组织血块，应修整创缘，清除异物，用0.1%高锰酸钾冲洗，撒布消炎药物，外涂碘酊，缝合，包扎。

b. 对化脓创伤，要彻底排出脓汁，清除污血烂肉（坏死组织），用0.2%高锰酸钾洗涤，再用3%双氧水冲洗。如创道较深，可扩大创口或用灭菌纱布条沾0.2%雷夫奴尔引流，利于排出创液。

c. 对肉芽创伤，治疗时注意保护肉芽组织，促进肉芽生长。如创面有少量脓汁，可用生理盐水或雷夫奴尔溶液冲洗，撒布消炎粉和碘仿。无脓汁时，用灭菌纱布沾上磺胺乳剂或鱼肝油软膏敷于创面上。

十一、临床上几个常见问题的处理

(一)僵猪症的防治

“僵猪”是一种饲养期长,吃得少、长得慢的毛长、体瘦、背弯弓的猪。有的仔猪断奶 3 个月,体重还不到 20 千克,拱腰曲背、骨瘦如柴,身体中间大、两头尖,只吃不长,皮厚毛粗,形成“老头猪”、“三类猪”,简称僵猪,若不及时采取措施,生长发育受阻,饲料利用率低,百天养殖就难以出栏。常见的僵猪症有奶僵、断奶僵及病僵等。

1. 僵猪形成的原因

①近亲交配或早配,造成仔猪先天性发育不良(胎僵)。

②仔猪患白痢病、贫血病、副伤寒病、喘气病等未能及时治疗,生长受阻;猪舍阴湿,猪感染寄生虫得不到及时治疗,也会形成僵猪(病僵)。

③仔猪在补料期间,同群仔猪多,有的仔猪胆小,长期吃不饱、吃不好;或仔猪断奶后,喂食不匀,大小同圈,出现大欺小、强欺弱现象,小猪、弱猪无法吃饱,日久就形成僵猪(食僵)。

④母猪在哺乳期间,奶汁不足或无奶,个别仔猪体小力弱,在没有固定奶头的情况下,长期不能满足营养需要而形成僵猪(奶僵)。

⑤母猪怀孕期间饲养不当,体内的营养供应不能满足胎儿生

长发育的要求，以致胎儿发育受阻，产下弱小仔猪，形成“胎僵”。

⑥长期采用单一饲料喂猪，也容易引起营养缺乏症而形成僵猪(食僵)。

2. 僵猪症的预防

(1)奶僵症的预防　为预防奶僵症，应加强母猪妊娠期和泌乳期的饲养，保证仔猪在胎儿期充分获得发育所需营养和哺乳期能吃到较多营养丰富的乳汁。对个别生长发育差的仔猪，应固定在乳量多的前排或中排乳头上。缺乳母猪要及时用药物进行催乳，处方有：黄花苋 250 克，猪蹄 1 对，用水煮烂后拌料喂饲母猪，连用 2～3 剂；王不留行 30 克，无花粉 30 克，漏芦 25 克，僵蚕适量，猪蹄 1 对，水煎药，混合后分 2 次拌料喂母猪，连用 2～3 剂。每天保证哺乳母猪与仔猪有充足的运动。母猪的泌乳量在分娩后第 23 天达到最高峰，以后逐渐下降，而此时仔猪生长发育很快，需要的乳汁不够，需从饲料中获取营养，一般应掌握在母猪泌乳量开始下降之前 3～5 天，对仔猪采取引诱方法提早补料，防止营养脱节而使仔猪生长停滞。

(2)断奶僵症的预防　在仔猪断乳时应赶走母猪，把仔猪留在原圈饲养，使其环境不发生变化，有利于生长。防止喂饲单一饲料，应饲用配合饲料。配制饲料必须遵守营养标准的基本原则，考虑其能量、可消化蛋白质和一些重要的氨基酸、维生素及微量元素的含量，使其达到平衡供应，刚断奶的仔猪每天约给 1.1 个饲料单位，蛋白质 120～130 克；3 个月龄时给 1.4 个饲料单位，蛋白质 120～130 克；钙、磷在每个饲料单位中的比例为 6∶5。

(3)病僵症的预防　保持猪舍清洁干燥，防止内、外寄生虫病的发生。对内寄生虫要定期驱除，严格处理粪便，若有外寄生虫发生和蔓延，应及时治疗和加强运动，让其打泥浆脱癞。做好防疫灭病工作，每年做到定期与平时补针相结合给猪注射各种疫苗，防止传染病的发生。若发现病猪要及时隔离治疗。

3. 治疗僵猪的方法

僵猪是完全可以治愈并实现快速育肥的。广西驻军某部队有一批"僵猪",养了1年多个体重仅19～35千克。经采用科学方法处理了其中11头僵猪,据测定,平均日增重0.55千克的有1头,1.15～1.45千克的有7头。根据僵猪形成的原因,其治疗方法有所不同,现分述如下。

(1)治疗因营养不良形成的僵猪

①有病的先治病,对症下药。

②病愈后,饲养10天即驱虫。按每千克体重用0.1～0.15克敌百虫,分2天空腹拌料服用。

③开胃。用马钱子酊2～3毫升、人工盐25克、大黄苏打粉片2片(每片0.3克),一次服完,每天服2～3次。每次还结合喂中药"焦三仙",即神曲、山楂、麦芽各30～45克,连喂3天,使猪食欲好转。另外,用豆泡人尿,在早晨猪空腹时喂,0.5千克黄豆可供1头猪吃45天。连喂2～3个月,效果更好。

④按不同生长阶段喂给全价饲料。

(2)治疗因新陈代谢障碍形成的僵猪

①先驱虫,方法同上。

②每头猪用维生素B_1 100毫克,维生素B_{12} 500毫克肌内注射。以后每隔7天分别重复一次。还可与维生素B_6 2毫升(含药量25毫克)混合注射。也可用20%的葡萄糖溶液10～20毫升、氢化可的松1～2毫升,混合后静脉注射或腹腔注射。

③治疗因缺乏维生素引起的僵猪。每天每头猪补喂马齿苋(野苋菜)100～250克,胡萝卜150～200克或中药苍术50～100克(研成粉拌料喂给)。也可用中药苍术、松针粉(或侧柏叶)各25克,烘干研成粉,拌料喂猪。如果猪有胃肠疾病,每头猪每天肌注

维生素AD注射液1～2毫升，或鱼肝油1～2毫升，连续3～5天。

④治疗因缺钙形成的僵猪。每头猪用碳酸氢钙10～20克，食盐5～10克，苍术10～20克，研成粉末，分3次均匀拌料喂，每天1次。也可取焙黄的蛋壳、骨头各500克，中药贯众、何首乌各250克，晒干粉碎拌喂，体重15～25千克的猪每天喂150克，体重25～50千克的，每天喂200克，体重50千克以上的，每天喂300克。早上喂服，连喂10天。2个月后，再按此配方重复1～2个疗程。还可在饲料中每头每天拌蛋壳粉或骨粉10～20克、食盐5克。

⑤治疗病原不明的僵猪。2003年某农户从集市买来一头4千克重的生病小僵猪，抓来时连站都站不起来，买回后即用维生素B_{12}(500微克)和肌苷注射液(2毫升)各1支混合后进行肌注，并人工喂一点儿含油的剩菜，4天后病猪好转，能自食饲料，再用ATP(三磷酸腺苷)和维生素B_{12}，肌甘、维丁胶性钙各1支混合注射并进行驱虫，第二天排出多条蛔虫，通过精心饲养，几天后，猪的皮肤出现红润，鬃毛由脱落开始正常生长。此时将饲料中的粗蛋白质含量提高，加喂一些猪油或植物油，饲喂40天，体重增到20千克，4个月体重达95千克，即出栏。

4. 僵猪育肥步骤

(1)驱虫清胃　在无病和天晴时，中午停喂一顿，到晚8至9时空腹时，按每千克体重用丙咪唑或左旋咪唑15～20毫克，研细，拌少量精料一次投喂。2天后，再取生石灰1千克溶于5千克水中，沉淀后将石灰水清液拌料喂猪，每日1次，连服3天。对体况较好的僵猪，也可停喂1次，只喂些0.9%的淡盐水或少量轻泻剂，如人工盐、芒硝等，消除僵猪胃肠道内的各种毒素，消除制约僵猪生长发育的因素。

(2)健胃化食　要使僵猪彻底脱僵，必须使其在消化功能上有一个大的转变。可按僵猪每千克体重用大黄苏打 1 片(含量 0.3 克),总量最多不超过 10 片,研末拌饲料喂服,每日 2 次,连服 3 天健胃;与此同时,结合用山楂、麦芽、神曲各 50 克(1 次用量),煎汁拌料喂,每日 2 次,连服 5 天化食。实践证明,经过这样处理的僵猪,食欲旺盛,消化功能大为增强。

(3)精养细管　青饲料要清洗沥干,适当切细;糠麸等粗料应加工粉碎后,才能按比例拌上营养较全面的配合饲料,配合饲料中添加 0.5%的土霉素粉,增强僵猪的抗病力。

(4)添喂"石硫盐"　生石灰、硫黄、食盐各等量,先把食盐炒黄,倒入生石灰同炒 10 分钟,起锅待凉后加入硫黄,共研末,装瓶备用。体重 25 千克以下的日服 5～8 克,25 千克以上的日服 10～15 克,直至出栏。这既补充了矿物质,又刺激了食欲,是育肥僵猪不可缺少的重要措施。

(5)肌内注射维生素 B_{12}　僵猪驱虫清胃 10 天后,每头每隔 3 天肌注 2～4 毫升人用维生素 B_{12},连续 7～10 次,对促进生长、增强体质有特殊功效。此外,还应保持猪舍清洁卫生、通风透气。待僵猪体况好转后,及时请兽医打一次顶防猪瘟、猪丹毒、猪肺疫的"三联苗"和蓝耳病疫苗。

5. 僵猪中药催肥法

(1)驱虫　用芜荑、榧子、使君子、薏苡各 10 克,贯众 15 克,煎水喂服。

(2)洗胃　用 4%～5%的澄清石灰水 1～1.5 千克,或苏打 5～7 片拌料喂服。每天 1 次,连喂 2～3 天。

(3)健胃　山楂 16 克,麦芽、苍术、枳实、海漂峭、陈皮、白芍各 10 克,神曲、白术各 5 克,研粉拌匀,每头每餐喂 10～20 克,连喂 2 天。

(4)催肥出栏　在出栏前一个月进行催肥。硫黄粉 1500 克,炒黄豆粉1250克，葡萄糖粉150～250克，狮子利粉末50克，百合粉35克，淮山粉40克。将上述药物混合均匀后等分成90份，每天喂3份(分早中晚3次喂服)。猪吃了催肥药7天后，拉硬屎表明药量正好，如果屎不硬则要适当加大药量。

(二)猪瘟与猪附红体混合感染的诊治

感染猪瘟病毒的猪，抵抗力降低，尤其是在天气剧变、阴雨潮湿、饲养管理较差、卫生不良、吸血昆虫繁殖旺盛的季节，极易并发猪红细胞体病造成大批死亡。

1. 症状

病猪精神沉郁、减食或不食(用安乃近、青霉素等药物治疗，病初用药后，猪就吃东西，停药就不食，再用药就食，后来再用药也不食)，被毛竖立，畏寒、颤料，不愿动，喜挤在一堆，怕冷，叫声嘶哑；体温升高到40～41.5℃，耳、四肢、腹部皮下有出血点；拉干粪并带有黏液，眼屎多；皮肤和可视膜苍白，黄疸，尿液呈黄色，最后衰竭死亡。

2. 防治

必须采取综合防治措施，使疾病得到控制。加强饲养管理，采用营养全面的配合饲料，提高猪体抗病力。一旦发生猪瘟，应立即封锁猪场，扑杀病猪，进行深埋。可疑病猪进行就地观察。

①凡被猪瘟病毒污染的猪都要进行猪瘟兔化弱毒疫苗的紧急免疫接种，接种剂量为正常免疫剂量的3～4倍。注射原则是未发现病猪的猪舍先注射，后注射病猪同群猪，病猪不注射。注射针头一头猪换一个，不能用二联三联苗。

②用猪瘟高免血清进行紧急肌内注射，每千克体重0.5毫升，每天1次，连用3天；同时用安痛定常规量，每天2次；清瘟败毒剂

按说明连用3天。

③用1%伊维菌素注射液进行治疗，病猪每10千克体重用0.2毫克，颈部皮下注射，隔5～7天再注射一次。

④肌内注射复方红净，每千克体重0.2毫升，每天1次，连用3天。

⑤全群饲料内混合0.2克土霉素，连用5天。

(三)猪常用消毒药的配制方法

(1)20%～30%草木灰　取筛过的草木灰10～15千克，加水35～40千克搅拌均匀后，持续煮沸1小时，补足蒸发的水分即成。主要用于圈舍、运动场、墙壁及食槽的消毒。应注意水温在50～70℃时效果最好。

(2)10%～20%石灰乳　取生石灰5千克加水5千克，待化为糊后，再加入40～50千克水即成。用于圈舍及场地的消毒，现配现用，搅拌均匀。

(3)石灰粉　取生石灰块5千克，加入2.5～3千克水，使其化为粉状。主要用于舍内地面及运动场的消毒，兼有吸潮作用，过久无效。

(4)2%火碱(氢氧化钠)　取火碱1千克，加水49千克，充分溶解后即成2%的火碱水。如果加入少许食盐，可增强杀菌力。冬季要防止溶液冻结，火碱水常用于病毒性疾病的消毒，如猪瘟、口蹄疫以及细菌性感染时的环境及用具的消毒。因有强烈的腐蚀性，应注意不要用于金属器械及纺织品的消毒，更应避免接触家畜皮肤。

(5)漂白粉　取漂白粉2.5～10千克，加水40～47.5千克，充分搅匀，即为5%～20%的漂白粉混悬液，能杀灭细菌、病毒及炭疽芽孢，用于圈舍、饲槽及排泄物的消毒。漂白粉易潮湿分解，并具有腐蚀性，应现用现配，要避免用于金属器械的消毒。

(6)5%来苏儿　取来苏儿液2.5千克加水47.5千克，拌匀即成。用于圈舍、用具及场地的消毒，但对结核菌无效。

(7)10%臭药水　取臭药水5千克加水45千克，搅拌均匀后即成10%乳状液。用于圈舍、场地及用具的消毒；3%的溶液驱体外寄生虫。

(8)70%～75%酒精　取浓度95%酒精1000毫升，加水295～391毫升，即成浓度为70%～75%的酒精。用于皮肤、针头、体温计等消毒。此浓度的酒精易燃，不可接近火源。

(9)5%碘酒　碘片5克、碘化钾2.5克，先加适量酒精溶解后，再加95%的酒精到100毫升。常用于皮肤消毒。

(四)抗菌类药物的合理使用

抗菌类药物其实包括消毒防腐药和化学治疗药，消毒防腐药量能杀灭微生物，但对动物机体也有很大的毒性，只能用于体表和环境的消毒。本书所述的抗菌类药物是指化学治疗药，临床上常用的有抗生素类、磺胺类、喹诺酮类和硝基呋喃类等。据统计，在养猪生产中这些药物占药物消耗总量的80%以上，其中抗生素类药物又占到了大部分。

抗生素应用于猪病防治已有50余年，在治疗动物感染性疾病方面起到了巨大的作用。例如，一些对猪危害严重的细菌性感染的传染病包括猪丹毒、猪肺疫、副伤寒、仔猪大肠杆菌病等，自从有了抗菌药物之后，在治疗和预防方面都取得了良好的效果。有些抗菌药物(泰乐菌素、螺旋霉素等)，还能促进动物的生长和提高饲料的利用率，可作为饲料添加剂，给猪长期或定期服用。

由于抗菌药物的价格相对较低廉，使用也较方便，不论是消化系统、呼吸系统还是其他系统的细菌感染，都有疗效，因此，抗菌药物得到了人们的青睐。近年来，在规模化的养猪业上，使用越来越广泛，用量也越来越大，以致达到滥用的程度，造成了细菌的耐药性不断地增强，药物的不良反应增加，治疗的效果明显下降，甚至抗菌药物大量残留在猪的脏体中，降低了猪肉的品质，影响到猪肉的出口，引起了社会的关注。2001 年，国家有关部门公布了《无公害食品生猪饲养兽药使用准则》，主要是针对抗菌药物特别是抗生素而言的，应认真阅读和理解，遵照执行。

在目前养猪生产中，使用抗菌类药物常出现六大误区，必须引起注意。

①认为抗菌药就是“退热药”，凡是体温升高的病猪，不分析病情，盲目使用抗菌药。殊不知，发热并不是都由细菌感染所致。由病毒引起的高热，如流感、蓝耳病、猪瘟等用抗菌药物治疗是无效的；夏季高温气候引起的中暑，也可引起体温升高，对这些病使用抗菌药物是有害无益的。

②将抗菌药作为“万能药”，不管三七二十一，只要猪生病了，就用抗菌药。高热不退用之，呼吸困难用之，神经症状用之，皮肤破损用之，母猪不孕也用之。如此滥用的后果，一是贻误了治疗的时机，二是浪费了药物，而且会使猪产生抗药性。

③当发现少数病猪，即对全群甚至全场的猪都用抗菌药物，将药拌在料内或和在水中，一日三餐连续 10 天半个月或更长的时间，其用量之大使人吃惊。如此用药适得其反造成了药物的不良反应，培育了大量耐药菌，得不偿失。

④以为抗菌药的价格越贵效果越好，国外进口的更好。其实并非如此。问题在于病猪感染的是什么细菌，病原主要存在于哪个系统或部位，应针对病情，选择对病原菌作用强，药物在感染部位浓度较高的品种。例如，阿莫西林对多数革兰氏阳性菌的效果较好，可用于败血症和皮肤黏膜的感染；喹诺酮类药物对消化道、泌尿道感染有疗效；链霉素、卡那霉素、泰乐菌素等适用于上呼吸道的感染。

⑤抗菌药物的使用剂量越大疗效越好，这种看法是错误的。

各种药物的使用剂量在说明书上都有明文规定，尤其是有些药物有一定的毒性和不良反应，如链霉素、氯霉素、诺氟沙星和硝基呋喃类的药物，轻则产生耐药性，重则发生中毒致死。当然，有些药物的毒性不大，如青霉素、土霉素等适当增加用量是可以的，请参照无公害食品生猪饲养兽药使用准则。

⑥患有细菌感染的疾病，不分青红皂白随意使用抗生素。若是感染被控制了，那是碰运气；如果疗效不佳，则更换药物。建议有条件的猪场应进行药敏试验，选择最敏感的抗菌药物进行治疗。

（五）对症多次使用青霉素、链霉素与药物不见成效对策

对症使用青霉素、链霉素等药物，总有效率可达98%，一般15～20分钟即可见效。12小时注射一次，对于重症和危症的猪尤为有效。一般情况下，病情较短的注射不超过3次即能痊愈。该方法的最大优点是：愈后的猪与未发病的猪一样，药品对猪（包括已怀孕的猪）无任何不良反应，在一定时期内旧病不易复发。

凡是经过几次对症注射青霉素、链霉素等药物未见效时，可改用下面3种人用药物混合肌内注射（暂定为基本方）。

①地塞米松，按猪体重每5千克每次用2毫克。

②尼可刹米，按猪体重每15千克每次注射1支（内含尼可刹米0.375克）。

③盐酸卡那霉素，按猪体重每10千克每次注射2毫升。

如果遇到下列情况，要按下列方法治疗。

①对于咳嗽、气喘不止（支气管哮喘、肺炎、猪肺疫）的病猪，使用基本方，再混合（或单独）注射3%麻黄素或麻黄碱（每支内含30毫升），按猪体重每15千克每次注射1毫升。

②对于突然瘫痪的病猪，使用基本方，再注射新斯的明，按猪体重每25千克每次注射1毫升。

③对于呕吐不止的病猪，使用基本方，混注盐酸氧氯普胺（胃复安），每 12.5 千克体重每次注射 1 毫升。

④对于体表青紫、指压不变色、长期不食的猪，使用基本方，单注复合维生素 B，每 10 千克体重每次用 2 毫升。

⑤对于粪便干硬不下、喘气的猪，使用基本方，再灌服硫酸钠或硫酸镁；大猪每头每次 50 克；中猪每头每次 30 克；小猪每头每次 10 克。也可以灌服植物油。

上述方法主要适用于猪感冒、流行性感冒、猪肺炎、猪肺疫、猪丹毒、猪链球菌、仔猪副伤寒、夏季重症中暑等一般性、细菌性或病毒性疾病。

（六）临床常用的驱虫方法

由于卫生条件和管理措施的种种限制，农村养猪寄生虫感染比较多，而对此人们很容易忽略。寄生虫造成的损失是严重的，而且是隐性的。猪只吃料不长肉或少长肉（甚至最后发展成僵猪），猪群抗病力及抗应激能力就会下降。农户养猪想百日出栏就必须建立自己猪群的驱虫程序。就这一点来说，对于某些卫生恶劣的猪圈群体尤为重要。

感染寄生虫的生猪一般表现为生长缓慢或长期消瘦，呼吸急促，咳嗽，黄疸，被毛粗乱无光；卧地吃食，粪便带血等。

病猪多为 2～6 月龄猪。驱虫是生猪育肥的重要措施之一，要获得较好的效果，应注意以下几点。

（1）选好驱虫药物　驱线虫药有左旋咪唑、敌百虫、盐酸噻咪唑、哌嗪等；驱吸虫药有硝硫酚和硫双二氯酚等；驱囊虫药有吡喹酮；驱弓形体虫有乙氨嘧啶和磺胺类药物等，粉剂用于防治蜱螨等体外寄生虫较恰当。不论选用何种药物，用一段时间后最好换另一种，以免产生抗药性，影响驱虫效果。如齐全打虫星，按每千克体重用药 1 克；驱虫精，按每千克体重用药 20 毫克；丙硫咪唑，按每千克体重用药 15 毫克;左旋咪唑,按每千克体重用药 8 毫克。另外,还可用敌百虫每千克体重用药 80～100 毫克。驱虫时应注意药量不能过量或者不足,以免影响效果。

(2)把握恰当的驱虫时机　给猪驱虫不单要对症下药,还要讲究投药时间。投药过早达不到驱虫效果,太迟则影响猪的发育,形成僵猪。应根据虫体的种类、发育情况以及季节确定驱虫时间。在通常情况下,首次给猪驱虫最好选在猪体重 30 千克左右时进行,以后每隔 30 天驱虫一次。这样能一箭多雕,把几种虫一齐打下。

冬季是驱虫的黄金季节,在这个季节驱虫,可收到事半功倍的效果。驱虫宜在晚上进行。

(3)驱虫前先禁食　为便于驱虫药物的吸收,驱虫前应禁食 12～18 小时。晚上7～8 时将药物与饲料拌匀,一次让猪吃完。若猪不吃,可在饲料中加入少量盐水或糖精,以增强其适口性。群养猪,先计算好用量,将药研碎,均匀拌入饲料中。驱虫期间(一般为 6 天),要在固定地点饲喂、圈养,以便对场地进行清理和消毒。

(4)猪舍场地要消毒　有些养猪户给猪消毒后对猪舍不清理不消毒,结果排出的虫体和虫卵又被猪食入后再感染。正确的做法是:驱虫后要及时清除粪便,堆积发酵、焚烧或深埋,猪舍地面、墙壁和饲槽要用 5%的石灰水消毒,以防排出的虫体和虫卵又被猪吃了重新感染。

(5)观察驱虫效果　给猪驱虫时,应仔细观察。若出现中毒如呕吐、腹泻等症状,应立即将猪赶出栏舍,让其自由活动,缓解中毒症状;严重者让其饮服煮得半熟的绿豆汤。对拉稀者,取木炭或锅底灰 50 克,拌入饲料中喂服,连服 2～3 天即愈。若驱虫药效果不佳,可改用中药使君子,10～15 千克的小猪每次喂 5～8 粒;20～40 千克的中猪每次喂 10～20 粒,同时用生南瓜子调成糊状,拌入少量饲料喂猪。连喂 2 次,每千克体重 2 克即可。

十二、降低饲料成本养猪法

农村中许多养猪户，常常埋怨养猪成本高，不划算而停止养猪。其实如果动动脑筋，结合本地实际和自身的种、养条件，就不难发现几种既经济又实惠的节粮型养猪方法。“猪吃百样草，就怕你不找”。

我国劳动人民和广大畜牧科技工作者，将稻草秸秆、秕壳、藤蔓、牧草、树叶、粉渣等经加工粉碎，利用有益的微生物对粗饲料进行发酵，从而提高营养价值和消化吸收率，达到扩大饲料来源，节约饲料粮，改善适口性，节约能源，减少公害，增加肥源，实现生态良性循环。

能量饲料常见的发酵方法，有生料菌发酵、种曲发酵、人工瘤胃、塑料袋发酵，还有菌糠与担子菌发酵、畜禽粪发酵等，它们都能制作出优质发酵饲粮。

在蛋白质饲料方面，同样可应用生物技术将植物饼粕发酵脱毒，还有畜禽屠宰的废弃物的发酵、固体发酵菌体蛋白饲料、微型藻与光合细菌饲料、微生物发酵生产饲料添加剂等。

粗饲料经发酵加工，不用精料或少用精料同样可养好猪。现介绍采用生物技术开发利用本地饲料资源，发展节粮型养猪的方法。

据河南浚县计经委报道：河南省浚县卫贤乡裴营村农民赵某某，1998 年以来应用作物秸秆发酵养猪 30 头，获净利 8000 多元。他的秸秆就地取材，有花生秧、红薯秧、豆秸、玉米秆、麦糠等。但无论哪种秸秆，都要严格遵守操作工艺，首先在粉碎机内将秸秆加工成末状，把氧化钙、氯化钠、尿素、白糖等 14 种原料加入水中，配制成发酵液，并测其酸碱度，将 pH 调到中性，然后把发酵液兑作秸秆粉中搅拌均匀，而后堆积发酵。秸秆粉发酵后加入 10%玉米面就可以直接喂猪了。

赵某某介绍说，他养猪一年多来，对猪的防病治病和其他人一样，所不同的是用秸秆饲料养猪。秸秆粉通过发酵后，可将难以被猪直接吸收的木质索、纤维素、半纤维素转化成为能被猪吸收的成分。发酵后的秸秆粉不光营养成分得到了改变，还带有酒香味，猪特别爱吃。他还说，用秸秆养猪和精料养猪饲养周期一样，尽管料肉比大了一点儿，但作物秸秆到处可取，价格低廉，还是比喂精料赚钱。

广西宁明县旧食品猪场的承包户刘某某用 50%代用料喂养 50 头猪，5 个月出栏，每头赢利 180 元；宁明县城中镇福仁街黎某用 30%代用料喂 25 头猪，5 个半月出栏，每头赢利 150 元；广西宁明县科委用发酵菠萝渣饲料 20%喂 12 头猪，3 个半月出栏，每头赢利 200 元。开发饲料资源，代粮喂猪，如多喂青粗料，以酒糟、粉渣、菌糠等代粮，发酵饲料代粮，粉渣代粮，土面代粮，均能取得显著效果。

(一)生料发酵菌的制作与应用

生料发酵菌是一种高效复合秸秆发酵菌。其中含纤维分解菌、乳酸菌、酵母菌、光合菌、放线菌、氨基酸菌等。生物发酵菌剂能将稻、麦、玉米、豆类、花生、草等植物秸秆、木薯渣、马铃薯渣、红薯渣等迅速发酵成优质蛋白饲料。试验证明其有以下特点。

①用生料发酵菌发酵的饲料，含有丰富的蛋白质、消化酶、维生素等。1997 年百色生化饲料厂，用生料发酵菌发酵木薯渣成功，1997 年 10 月 17 日经广西技术检验站检验，其粗蛋白质含量达 11.7%(木薯渣粗蛋白质含量为 2%，比原含量高出 9.7 个百分

点），其含量比东北的玉米含粗蛋白质7.8%还高出3.9个百分点，相当于1.4千克东北玉米的粗蛋白质含量。经过生化处理的木薯渣粗纤维降解较好，具有香、甜、酸多种味道，适应猪的口味，可全部取代猪日粮中的谷物，补充必要的赖氨酸、蛋氨酸，或补充羽毛碱溶解液，可直接喂猪。在营养平衡条件下，猪饲料配方中，生化木薯渣可用40%～60%，可增加产品在市场上的竞争性。

②成本低。每1000克生料发酵菌可发酵500千克饲料，每千克费用仅3角左右。

③效益高。每头猪可节约饲料成本200元左右，饲料曲香味、颜色黄亮，畜禽爱吃，吃后就睡，增长迅速。

④制作容易。发酵时间短，仅需3～7天，不受季节限制，原料广泛，节约粮食。

此产品用于喂猪，可节约粮食30%～50%，且生产周期与喂原粮饲料相当。鱼可添加30%～50%，鸡鸭可添加10%～20%，牛、羊可添加90%，增长效果与喂精料相当，喂奶牛可提高奶产量10%～13%。

1. 生料发酵菌制作

特制生料发酵菌是由根霉菌、曲霉菌、酵母菌、糖化酶、犁头酶、毛酶、纤维素酶等几种原料全部或其中几种按一定比例配合而成的，其最佳配方（重量百分比）为根霉菌15%，曲霉菌5%、酵母菌15%、纤维素酶5%、糖化酶40%、犁头酶10%、毛酶5%、白地酶5%。将以上原料按比例混合，充分拌匀，再经晒干，即可制成粉末状的高功能的生料发酵菌。

2. 发酵母液的制备

按发酵秸秆100千克用0.2千克生料发酵菌准备，将0.5千克红糖或由砂糖用清水5千克化开，加入生料发酵菌0.2千克，置于1千克容量的塑料桶中搅匀(容器必大于水的一倍,不然发酵膨胀易炸裂塑料桶),密封,室温放置12～24小时即成发酵母液,3天内要用完。

3. 制作发酵生产液

将发酵母液5千克、红糖或白砂糖1千克加清水80～120千克混成发酵生产液。

4. 发酵方法

将发酵生产液80～120千克均匀泼在100千克粉碎的秸秆喂猪的用40～60目筛过筛中,边泼边搅,让其含水量达40%～60%,手抓秸秆手指缝有滴水,手一放则散即可,然后装入塑料袋或大水缸等密闭容器中,密封无氧发酵3～7天,检查发酵秸秆温度(常温),闻之微酸、有曲香味,即发酵成功。太酸并有腐败气味或明显霉变,温度50℃,表明发酵失败,应放弃。

注意:①发酵成败的关键是密封不透气,应逐层压实,不应有干夹层,太干太湿不利于发酵。②发酵成功后完全密封好,可保存60天,最好是现配现喂。若想长期保存或作为商品出售,可做晒干或烘干处理。③添加10%～20%麦麸、玉米粉、米糠一起发酵,味道更香,营养更高。④喂牛、羊加1千克尿素与糖水化开发酵,可提高蛋白质含量。

5. 发酵饲料使用方法

断奶仔猪从在日粮中加入生料发酵饲料5%开始,以后每过一周增加5%,到第10周达到50%,以后每周递减5%,直至出栏。

猪的基础饲料营养应全面,并符合饲料标准。自配饲料时,应考虑到添加微量元素、多种维生素、食盐、氨基酸、骨粉或磷酸钙等。其比例应按基础料和生料发酵两部分总和配制。加入发酵料后，猪的疾病减少，肉质鲜嫩，日增重和耗料情况正常。

(二)自制复合氨基酸的简单方法

现在农户养猪，买饲料喂养，成本高，效益差，有的甚至亏本。建议养猪户自己配饲料，自制复合氨基酸，饲料成本可大大降低，每头猪赢利可达100元以上。重庆市孙某某，应用此法养猪，每头猪赢利195元。

好马配好鞍，好饲料要配氨基酸。复合氨基酸饲料是高科技生物制品。该品富含多种游离态氨基酸、多肽等营养物质，可强化动物消化功能的活性，激活禽畜体内活性，促进饲料氨基酸平衡，产生丰富的有效性生长因子，增强饲料的营养价值，提高饲料的利用率，达到省料、增产、提高存活率三大功效，是理想的鱼粉、豆粕替代产品。

1. 制造方法

(1)设备

铁罐或铁锅(注意:因有腐蚀性，不能用铝、锑、铜等锅)。

(2)生产原料

各种动物废皮、鸡毛、头发、猪毛等下脚料。

(3)生产用辅料。

①氢氧化钠。又名烧碱、火碱、苛性碱。纯品是白色透明的晶体，相对密度2.130，溶点318.4℃。工业品种中含有少量的氯化钠和碳酸钠，吸湿性很强，易溶于水，同时强烈放热。它是一种强碱，对皮肤、织物、纸张等有强腐蚀性。这里选用工业级品，配制溶液过程中，需要使用耐碱腐蚀的容器，如玻璃、陶器、塑料等容器，不可使用铁器。操作人员要戴防护手套，溅于皮肤或衣物上要及时用水冲洗。固体原料贮存时需防潮。这里用作煮原料，每千克

原料用 45 克。

②盐酸。又名氢氯酸。纯品无色。工业品因含有杂质而呈黄色(这里用工业级),浓度在 36%左右,相对密度 1.19,在空气中发烟,有刺激臭味。它是一种强酸,对皮肤、织物、纸张等有腐蚀性。这里用作 pH 调节剂。稀释时所用容器及操作时的注意事项与氢氧化钠一样。

2. 操作

①配比。1 千克羽毛(头发、鸡毛、猪毛等),7 千克清水,45 克氢氧化钠。

②煮法。把 1 千克羽毛、7 千克水按比例放到铁锅中明火煮,待水开后,慢慢加入烧碱,不要一次倒齐,逐步搅拌,加完烧碱后,煮至羽毛全部溶解即停火。

③调 pH。把溶解的复合氨基酸液倒入塑料缸中,待它彻底冷却后,开始调 pH,直至 pH 达 7 为止。

④经调整,复合氨基酸的 pH 达到 7 后,即用米糠或麦麸来拌匀,达到手抓一团指缝不滴水,一放即散,这样就可晒干备用。

3. 用法

①初次在日粮中加该品用 2%。

②以后在日粮中加入该品:鸡、鸭、鹅用 5%~7%;猪用 6%~8%;鱼用 8%~12%。

③粗蛋白质达 40%的氨基酸饲料等量代替豆粕;粗蛋白质达 55%的氨基酸饲料等量可代替秘鲁鱼粉。

4. 自制氨基酸的特点

①蛋鸡和奶牛可延长生产期 1~2 个月,猪可提前 10 天出栏。

②具有水解蛋白的香气和鲜味,适口性好(本品呈褐色)。

③可提高受精率、孵化率、产仔率和成活率。

④显著降低蛋鸡的啄肛、啄羽现象等。

⑤防治或缓解鸡拉稀、蛋色好、蛋重增加，猪毛色油亮、贪睡不爱动。

(三)菌糠饲料

近年来，食用菌的生产有了很大发展。以往，收菌后的底物一般都做了肥料，有的白白扔掉，造成了浪费。为了进一步提高食用菌的生产经济效益，可将底物加工成菌体(糠)饲料，用来喂猪，其效果很好。

1. 菌糠饲料的营养价值

用稻草、谷壳等培养食用菌，栽培后的培养料，其物理性状大大改变，原来粗硬的纤维变成柔软可口的好饲料。其粗纤维含量已从栽培食用菌前的30%～60%降为15%～25%，而且收菌后的粗纤维也能被禽畜消化吸收，蛋白质含量比栽培前提高了50%。一般菌糠含粗蛋白质5%～12%，每千克含消化能10.46～11.72兆焦，每千克菌糠含钙5克，含磷6克。每100千克的培养料除生产价值100多元食用菌外，还可以得到60多千克的菌糠饲料。

2. 菌糠饲料的生产

收获2～4茬食用菌以后，底物还可作为菌糠。具体做法是：收获最后一茬食用菌后3天，喷洒一次0.1%的尿素或1%的洗米水，喷后用塑料薄膜覆盖7天，于子实体分化前将菌糠收起备用。收料时将发霉、发黑和红、灰、黄、褐等不正常菌糠团块去掉。菌畦或袋内部长满菌丝、白色无杂菌的料为上等菌糠，若有小部分培养料长满了菌丝并串结不良则为中等，杂菌污染严重的为下等菌糠。

菌糠经简单加工后就可用作饲料。在不需贮运而鲜喂时，可将潮湿的菌料放入青料打浆机中打浆，掺入其他饲料中喂畜禽。若为贮运方便或生产配合饲料，则需制成糠。有烘干设备的，将菌料块放于70℃下烘干，粉碎成糠；无烘干设备的，可晒干或置于多层架下风干。在干燥过程中最好不要弄破料块，以防营养损失，粉碎时应于密闭室内进行，粉碎后将室内、墙壁上附着的粉尘收集起来，装袋密封贮运。

菌糠饲料仍属粗饲料范畴，适口性较差，所以应用菌糠喂猪只能代替部分粗饲料，菌糠所占日粮比例不宜太大，一般占日粮20%～35%。喂25千克以下的小猪，一般占日粮的10%～20%；喂25～45千克的中猪，一般占日粮的25%～30%；喂45千克以上的大猪，占日粮的30%～35%；喂成年母猪，占日粮的35%～40%。

3. 菌糠饲料的应用配方

(1)仔猪饲料　用自制蛋白质饲料100千克和大豆渣(豆腐渣)50千克作为蛋白质来源；用100千克蘑菇渣子(一次发酵，含水约40%)，加入麦糠50千克作糟糠；玉米400千克、黑麦(压扁)200千克，果渣100千克作为容物；另加盐4千克、牡蛎粉(碳酸钙)6千克、烧酒糟(用水调成糊状，作为水分调配剂使用)250千克。

制作方法：把自制蛋白质饲料与大豆渣、蘑菇渣、麦麸、食盐、牡蛎粉等混合，放入蒸搅机内，在70℃高温下热处理2小时，然后加入玉米、黑麦、果渣等，再加入水调剂的烧酒糟，搅拌均匀，最后撒上酵母菌100毫升，全部装入发酵槽内，发酵水分保持在30%左右(手握成团，撒手即散)，温度保持在40℃左右。

发酵槽用薄木板制作，槽的内侧和底部铺上2～3层纸袋，上面盖上2～3层纸袋，纸袋上盖3层麻袋，形成良好的保温环境，60～70分钟后，即可供仔猪食用。

仔猪出生3周后，开始断奶，到35日完全断奶，并开始喂仔猪菌体饲料。完全断奶后6日开始在日粮中加喂20%的菌体饲料，11日加喂40%，14日加喂60%，17日全部喂用。

所给予的饲料量为猪体重的5%，可视猪吃的情况调节。

(2)肉猪饲料　饲料配方：自制蛋白质饲料50千克、大豆渣50千克、蘑菇渣200千克、麦麸60千克、大麦40千克、玉米400千克、黑麦(压扁)100千克、果渣100千克、食盐4千克、牡蛎粉6千克、烧酒糟250千克。制作方法同上。

饲喂方法：成群饲养的育肥猪喂用菌体饲料，给予量为猪体重的3.3%。猪体重增加，饲料也要增加，饲料中必须含25%～30%的水分。

(四)木薯渣的喂猪法

1. 木薯渣的营养价值

木薯渣是木薯制取淀粉后的副产品。据测定，鲜木薯渣内含水分85.4%、粗蛋白质0.41%、粗脂肪0.25%、淀粉5.077%、粗纤维8.39%、灰分0.48%，每千克木薯渣消化能为2618千焦。1千克干木薯渣(由4千克鲜木薯渣晒成)的消化能相当于2.4千克三七统糠或3.5沙克稻草粉或1.5千克干番薯藤，由于在加工过程中，大部分氢氰酸溶解于水而流走，木薯渣的含毒量很少，毒性不大。

木薯渣的特点是内含蛋白质、维生素、矿物质元素(如磷、钙、铁、锌)等都很少，因此在利用木薯渣代替青、粗饲料时，要考虑基础日粮必需氨基酸和维生素等是否合乎猪的营养需要。

2. 利用方法

利用木薯渣喂猪，应根据猪的生长发育规律而确定用量。初生至4月龄是猪骨骼生长最快的时期,6月龄后趋于稳定;4~7月龄是肌肉长得较快的时候;脂肪积累则是6月龄以后。因此,用木薯渣喂猪对大猪催肥是很适宜的。断奶后的小猪可用木薯渣代替1/4~1/3的青粗饲料;中猪即以1/2或1/3为宜。

目前,人们常用配方是:木薯渣(干计)30千克、米糠20千克、糖50克、食盐0.35千克、百日促长剂50克拌匀,用生料发酵菌缸藏发酵,直接拌50%精料饲喂猪。经过发酵以后,其粗蛋白质由原来的2%,提高到11%以上。

(五)菠萝渣掺入饲料喂猪法

菠萝渣是加工菠萝罐头的副产品,约占整个菠萝的60%。

湿菠萝渣含水分82%~83%,糖分4.7%~6.3%,粗纤维1.96%~2%,粗蛋白0.6%,酸分0.37%。菠萝干渣含水分10%,含转化糖30%,粗纤维11%~47%,粗蛋白3.87%,酸分3.74%,灰分3.74%。

利用方法:鲜菠萝渣用塑料袋贮藏或缸藏,压实。饲喂前将菠萝渣切碎或打成浆,饲喂时,按日粮20%添加生喂。

菠萝渣(经过第一次压榨后)经粉碎(立式飞刀式粉碎机)、加温(80℃以上,5~7分钟)、压榨机压榨、烘干(或晒太阳)、包装后,按日粮10%~15%添加喂猪。

(六)酒糟喂猪法

随着酿酒工业的发展,酿酒的下脚料——酒糟越来越多,群众习惯用酒糟喂猪,如果利用合理,有益无害。

1. 酒糟的营养特点

酒糟,干物质32.5%,每千克含消化能3389千焦,粗蛋白7.5%,粗纤维5.7%,钙0.19%,磷0.2%,赖氨酸0.33%,蛋氨酸+

胱氨酸0.8%，B族维生素含量也较高，而无氮浸出物、胡萝卜素、维生素D和钙含量不足。酒糟中含有曲香，适口性较好，能增加猪的采食量，同时，酒糟经过高温蒸煮、糖化、发酵等工序，质地柔软，干净卫生，猪吃了不易生病，酒糟含有残留酒精，如果喂用过量，易引起便秘，群众称之为“火性饲料”。

2. 使用酒糟喂猪应注意的事项

①不能单独饲喂。因为酒糟中无氮浸出物含量低，粗蛋白品质较差，缺乏胡萝卜素、维生素D、钙等。在喂酒糟时，要搭配一定数量的玉米、糠麸、饼粕等饲料和适量的钙质，多喂青绿饲料，这样可增加营养，防止便秘。一般新鲜酒糟的喂量不能超过25%，干燥酒糟应控制在10%以下，含有大量谷壳的酒糟要打成浆，平时调料时要多加些皮硝(芒硝)。

②酒糟不宜直接喂。喂前要加热，使酒精蒸发。对异常发酸的酒糟，应加石灰中和。每千克酒糟加石灰粉50～75克，并充分拌匀。已经发霉败坏的酒糟应废弃，不能喂猪。

③酒糟喂一定时间后，要间隙一段时间再喂。这样，可防止酒糟所引起的慢性酒精中毒。

④喂不完的酒糟，要根据酒糟水分含量的多少，适当加一定的米糠用以窑藏；或将水分较多的酒糟倒入缸内(池内)，让它沉淀，然后除去上层清水，再添加新糟，如此反复多次，沉淀物呈浓糊状，即可较长时间拿来喂猪。但最后一次沉淀要保持一定的积水，以隔绝空气，防止变坏。

⑤对于架子猪来说，喂量可大些，但也不要超过日粮的一半；幼猪和育肥猪要控制酒糟用量；妊娠和哺乳母猪应适当少喂，否则容易造成母猪流产、死胎、产弱仔或产后猪仔下痢。种公猪采精前最好不喂酒糟，以免精子畸形，影响受精。夏季喂用，要注意加些食盐和石膏，清凉下火。

⑥如果把米酒糟、高粱酒糟打成浆，效果更好。打浆设备很简单，打浆机、粉碎机都可以。加工时，新鲜酒糟与水按比例 4∶6 同时入机。如果用粉碎机打浆，要把鼓风机去掉，堵住吸风口，改用底部淌口出浆，筛眼为 1.2～1.5 毫米。加工后的糟浆成为糊状，浓度以静置后表面无明水为好。

⑦猪酒精中毒的处理。猪长期大量食酒糟或食腐变酒糟，很容易发生酒精中毒。

慢性酒精中毒的症状：消化不良，食欲减退，流涎，眼结膜黄色，皮肤发黄，怀孕母猪容易引起流产。表现为消化道发生紊乱，呈现顽固性胃炎，先便秘后下泻，精神不振，体温上升到 39.5～41℃，体皮有皮疹，四肢肿胀，发生坏死。

严重中毒的症状：主要呈现胃肠炎、腹痛下泻，兴奋不安，性情狂暴，躯体四肢发生皮炎，步态不稳，卧地不起，眼结膜潮红，体温下降，最后四肢麻痹、呼吸困难而死。

发生酒精中毒应立即停喂酒糟，及时治疗：肌内注射 10%～20%的安纳加 5～10 毫升；静脉注射葡萄糖生理盐水 500 毫升；内服小苏打水 1000～2000 毫升；病猪兴奋不安时，可注射盐酸氯丙嗪注射液，按每千克体重 1～2 毫升，一次肌内注射。

（七）血粉的制作方法

按商业部门统计，我国每年收购屠宰生猪约 1.2 亿头，按每头产猪血 5 千克计算，年可产猪血 60 万吨。猪血除小部分供人们食用外，还有大部分找不到销路。其实，猪血可以制成血粉。血粉含有丰富的营养物质，是一种很好的畜禽饲料添加剂。据测定，每千克血粉可产生消化能 17.23 兆焦，比秘鲁鱼粉高 24.4%，含粗蛋白质 83%，是秘鲁鱼粉的 1.28 倍。在饲料中添加血粉，可促进畜禽生长，提高饲料报酬，缩短饲养周期。

制作猪血粉的设备简单，只要有铝桶或木桶、铁耙、铁锹、扫帚、秤及晒场就行了。晒场面积一般一头猪为0.3平方米。铝桶或木桶数量根据猪的头数多少而定。一般每只铝桶可盛装4～5头猪的猪血。

1. 用麸皮作吸水剂制作"载体血粉"

把屠宰新鲜的猪、牛、羊血收集起来，按5千克鲜血加2.5千克麸皮的比例混合均匀，把凝血后的血块捏散，用阳光或炕灶(不超过80℃)尽快晒干或烘干即成。

质量的高低取决于温度和干燥的时间长短。温度过高，蛋白质被破坏、变性；时间过长，即引起腐败变质。

这种载体血粉含纯血37.8%，消化能约为8991千焦，蛋白质含量为41.6%左右，比玉米蛋白质含量高4倍。特别是畜禽不可缺少的赖氨酸、色氨酸含量丰富。用时可按配合饲料配方比例计算加入量。

2. 用统糠为吸水剂制作"载体血粉"

先把屠宰的猪、牛、羊血放入桶内，经1小时左右，待血凝固、称重后倒入等量的统糠，然后用铁耙拌匀，平摊铺在水泥地晒场上，厚度不得超过3厘米，在盛夏季节，经太阳晒一天即可干燥，但每天要翻拌7～8次。如果遇阴雨、无阳光天气，要薄摊在通风良好的室内，并经常翻拌，加快阴干，干燥后经压即成血粉。

3. 日晒制作法

①将凝固的健康的猪、牛、羊血倒入水泥晒池，其深度约5厘米(晒池的大小不拘，池周边高10厘米左右)。

②踏血。将草席盖在池内的血块上，用两足各处均匀地踩踏，使席下血块变成豆腐脑一样，同时许多血水向外流出。

③日晒。将草席揭开，阳光晒2小时左右，则表面结成如大饼

状，用手翻过来，如此翻来覆去，每天翻 5～8 次。

④晒干。夏天平均 3 天可晒干，春秋 4～5 天可晒干。晒干后如锅巴一样，很脆很酥，用手一捏即粉碎。

⑤过筛。晒干后，用木棒一打即破碎，过筛即成为粉，颜色呈紫黑色。

这种可溶性血粉，可存储 2～3 年不致腐败。

4. 煮压制作法

①把凝固的健康猪、牛血，用刀划 10 厘米长短的立方块，放入沸水中煮。

②血块入锅，水沸即停，此时要注意不可使锅水再沸，否则血块即可撕裂，呈泡沫状态，损失很大。

③在水中 20 分钟左右，血块内部颜色已变，而且内外各部已凝结，即可取出。

④用厚布包住，放在压榨机上，压出水分。

⑤压出水分后，由布中取出，用手搓散，放往竹帘中晒干。夏天约 1 天、春秋约 2 天、冬天约 3 天即可晒干。用粉碎机粉碎，就成为棕黑色的血粉。

(八)蚯蚓代替鱼粉喂猪法

1. 蚯蚓的营养价值

据试验，1 千克鲜蚯蚓，可产出粗蛋白品 0.5～0.7 千克，其风干蚯蚓含粗蛋白质 55%～66%。蚯蚓蛋白质含有各种必需氨基酸，其蛋白质生物学价值接近鱼粉。此外，还含有脂肪酸、类脂化合物、胆碱和维生素等。由于蚯蚓的营养价值较高，已被广泛用作优质的蛋白饲料，代替鱼粉喂猪。用蚯蚓粉喂猪，可使猪增重提高 19.2%～43.5%。

2. 蚯蚓的加工及喂猪方法

(1)蚯蚓粉简易制法　先把活蚯蚓用清水洗干净,在晴天中午阳光强烈时,倒在干净的水泥或石板地上,上面盖一层塑料薄膜,薄膜四边用湿泥盖紧不透气,将蚯蚓闷死、晒死,然后打开薄膜摊开晒干,晒干后用粉碎机粉碎即可配入饲料中喂猪。

(2)用蚯蚓粉喂猪方法　25 千克以下的猪,每头每天 10 克;25 千克以上的猪,每头每天喂 25 克;50 千克以上的猪,每头每天喂 50 克。每天喂一餐。

①用蚯蚓粉喂猪不宜超过日粮的 8%,因为蚯蚓内含有蚁酸,若饲喂过量,能引起胃肠麻痹,影响食欲。

②喂蚯蚓粉不能断断续续,否则效果不佳。

(九)用蝇蛆代替动物蛋白

蝇蛆营养价值高,是畜禽的好饲料。干蝇蛆含粗蛋白 53.26%,粗脂肪 13.29%,灰分 7.2%,无氮浸出物 26.39%,赖氨酸 4.09%,蛋氨酸 1.41%,胱氨酸 0.53%。经用蛆粉与鱼粉做养猪对比试验,在同样条件下,对断奶仔猪分别饲喂 60 天,蛆粉组比鱼粉组增重提高 7.18%,每增重 1 千克,所用的饲料成本费蛆粉组比鱼粉组降低了 13.2%。

1. 养蝇蛆的设备

大量连续养蝇蛆,需设置蝇房和蛆房各一间。蝇房按时向育蛆房提供尽量多的蝇卵,育蛆房则专门孵卵成蛆。房间大小视养猪需要养蝇育蛆多少而定。

(1)蝇房设备

①以 16 目铁丝网制成蝇笼,笼大小为 50 厘米×60 厘米×120 厘米,可养蝇 200～300 只,笼的一端留一进出料口(大小以适

合饲料盆和取卵盆出入为宜)。

②铁皮(或木)制成长方形或圆形的饲料盆各 2 个。

③小喷雾器 1 个,以备气温在 30℃时喷水增湿降温。

(2)育蛆房设备

①一个 4～6 层的木架,层距 30 厘米,搁放育蛆饲料盆。

②直径 50 厘米的瓦盆若干个。每天从蝇笼取卵一次,每取一次分 3 盆饲养。

③10 目、14 目铁丝网筛各 1 个,供分离饲料和蝇蛆用。

2. 绳蛆的饲料

家蝇酸甜均吃,尤喜甜食。每笼每次可用统糠 1.6 千克、玉米或麦麸 0.3 千克,用酒糟、米汤或清水拌匀,湿度为 65%～70%,面上撒点砂糖更好。如果育大头青蝇,则以猪、鱼、鸭的血、毛和肠肚等作饲料。

3. 采卵与饲养

蝇喜光,故宜在黑暗情况下出旧料、进新科、取卵,以免苍蝇趁机飞出。蝇多在中午、下午产卵,每日天亮前取卵。取卵前,应把鲜猪粪放进育蛆房的养蛆盆内,然后把从蝇笼取出的卵连同蝇饲料倒在养蛆盆的鲜粪上。气温在 30℃左右,经 4～10 小时即化成蛆。如果气温在 26～27℃,则需 26 小时。

家蝇蛆 3～5 天成熟,第 6～7 天休眠,第 8 天开始成蛹,蛹期 4～5 天。两周内陆续转化成蝇,成蝇后 2～3 天开始交配,4 天后开始产卵,第二周为产卵高峰期。到第 22～25 天趋于老化、死亡。养蝇育蛆应掌握此规律,每批种蝇养 3 周即可淘汰,另换一批。可断食饿死或高温杀死。死蝇可喂西洋鸭或埋掉。

蛆的产量取于种蝇多少。养蝇 2 万～3 万只,一次产卵育蛆 2～3 千克。家蝇蛆 500 克约 27000 条,大头青蝇蛆约 9000 条。

0.5 千克猪屎可育蛆 250 克。蛆的饲料要适当，过少蛆会爬出盆外。

室内温度，蛆房应保持在 28～30℃为宜，蝇房以 25～27℃为好。蝇房温度超过 30℃，应设法降温和保持饲料湿度。此时以鲜瓜皮作为饲料最好。

4. 蝇蛆的杀菌消毒处理

蝇蛆经 3～4 天饲养成熟即可从饲料中分离出来，这时饲料养分已完，只宜作肥料用。分离蝇蛆的方法有两种：一是把蛆盆放进大缸，以麻袋封严缸口，放在阳光下暴晒，因缸内缺氧和温度高，蝇蛆纷纷爬至缸底；二是以 19 目或 14 目铁丝筛放在缸口上，将饲料连蛆倒入筛内，以强光照射，蝇蛆怕光下钻跌入缸内。蝇蛆经消毒杀菌粉碎后才能作配合饲料喂猪。大头青蝇蛆可以沸水烫死或煎煮，家蝇以 0.01％的高锰酸钾液冲洗即可。

注意事项：鼠、蚁喜食蝇蛆，必须严加防避。饲蛆料厚度不得超过 10 厘米，否则饲料发热，蛆会跑出。蝇蛆的饲料以湿度 60％为宜。

（十）代用料喂猪参考配方

“代用料”大部分是粗料，是饲养家畜的主要饲料。衡量粗饲料质量的主要指标，先看它含粗纤维的数量，再看它含其他营养物质的数量和质量，一般粗饲料中的粗纤维含量在 18％以上，有机物质消化率在 70％以下，凡是含粗纤维少，含其他营养物质全面而丰富的粗料，都是质量好的粗饲料。其主要特点如下。

①粗饲料中的粗纤维含量虽然都高，但粗饲料种类不同而其含量也不同。如干草类含粗纤维为 25％～30％，秸秆和秕壳类含粗纤维为 25％～50％或更多。所以干草类（包括树叶）的消化率和饲用价值，就要比秸秆类高。

②粗饲料中的粗蛋白含量差异很大。豆科干草一般含粗蛋白质为10%～20%，禾本科干草含6%～10%，而禾本科秸秆和秕壳仅含3%～5%。就粗蛋白质的消化率来说，也是禾本科干草高于其他秸秆和秕壳。如苜蓿干草的粗蛋白质消化率为71%，而大麦秸秆仅为24%。

③粗饲料一般含钙较多，含磷较少。豆科干草和秸秆含钙量为1.5%左右，禾本科干草和秸秆仅为0.2%～0.4%。各种干草含磷量均在0.15%～0.3%，而秸秆类均在0.1%以下。

④粗饲料中的维生素质量差异很大。一般来说，优质干草特别是豆科干草，含有较多的胡萝卜素和维生素D，而各种秸秆和秕壳几乎全部缺乏胡萝卜素和B族维生素。

在常用的代用料中，一般来说，豆科优于禾本科，嫩的优于老的，绿色的优于枯黄的，叶片多的优于叶片少的。如苜蓿等豆科干草、野生青干草、花生秧、大豆叶、甘薯藤、榆树叶和槐树叶等，不仅含粗蛋白质、矿物质和维生素较多，营养丰富，适口性好，较易消化，而且也比较容易加工粉碎。花生壳、稻壳、高粱壳、小麦秆、玉米秆、稻草等，不仅含可消化利用的物质很少，而且粗纤维含量极高（花生壳含粗纤维约65.5%，稻壳含46.8%），质地粗硬，难以消化，此外，高粱壳含单宁较多，适口性不好，易引起便秘；稻壳、稻草含多量硅酸盐，严重阻碍钙、磷的吸收。这类粗饲料在日粮中搭配过多，不仅对猪的生长没有好处，而且还会降低混合饲料的消化吸收率。

利用代用料喂猪，必须注意以下几个问题。

①用“代用料”喂猪，仔猪配合饲料比例不能超过30%，中猪不能超过50%，大猪不能超过40%。

②每个饲料配方中，代用饲料要有3种以上。

③所用的代用饲料必须经过发酵才能喂猪，发酵方法有多种，任选一种即可。

④代用料在发酵时要加 0.5%硫酸钠、1%过磷酸钙(农用的，钙镁磷肥不能用)、0.1%百日促长剂、0.6%蛋白质转化剂。

⑤要做到粗料细作。粗饲料体积大，质地粗硬，适口性差，不助消化，所以应将其加工调制好，粗料细作，才能成为养猪的好饲料。

⑥饲喂时，质优、质劣的粗饲料要搭配喂，如水稻产区和花生产区，应尽量避免单纯利用稻壳或花生壳作为粗饲料来喂猪，而应把它与青干草、甘薯藤、花生秧、大豆叶等优质粗饲料搭配来喂。在高粱产区，也应把高粱壳与大豆叶等其他优质粗饲料混合起来喂猪。

参考配方：

(1)小猪阶段

①旱藕粉 40%、玉米粉 14.8%、稻谷 10%、羽毛粉 2%、血粉 1%、花生粕 5%、松针叶 5%、干草 9.5%、干花生藤粉 10%、芒硝 0.5%、百日促长剂 0.7%、过磷酸钙 1%、食盐 0.5%。

②橡子仁粉 20%、旱藕粉 20%、玉米粉 20%、稻谷 8.85%、花生粕 5%、松针叶 5%、干花生藤粉 10%、干草 7.4%、蛋白质转化剂 0.6%、芒硝 0.5%、过磷酸钙 1%、百日促长剂 0.7%、赖氨酸 0.15%、蛋氨酸 0.3%、食盐 0.5%。

③木薯粉 30%、玉米 19.4%、旱藕粉 15%、花生粕 6%、羽毛粉 1%、血粉 1%、玉米糠 5%、松针叶 5%、干草粉 15%、过磷酸钙 1%、食盐 0.4%、芒硝 0.5%、百日促长剂 0.7%。

(2)中猪阶段

①旱藕粉 20%、木薯粉 26%、稻谷 10%、松针叶粉 10%、干花生藤粉 10%、大豆 5%、干红薯藤粉 10%、花生粕 3.3%、羽毛粉 2%、头发水 1%、过磷酸钙 1%、芒硝 0.5%、食盐 0.5%、百日促长剂 0.7%。

②稻谷 20%、玉米 13.3%、木薯粉 15%、松针叶粉 10%、米酒

糟25%(鲜)、大豆5%、花生粕5%、羽毛粉2%、血粉2%、过磷酸钙1%、食盐0.5%、芒硝0.5%、百日促长剂0.7%。

③玉米30%、木薯10%、干花生藤粉10%、干草粉10%、松针粉10%、大豆饼7%、脱毒茶麸4.9%、血粉2%、米酒糟13.4%(鲜)、过磷酸钙1%、食盐0.5%、芒硝0.5%、百日促长剂0.7%。

(3)大猪阶段

①木薯粉40%、稻谷10%、玉米5%、玉米秸秆粉(发酵处理)10%、干红薯藤粉10%、松针叶粉15%、羽毛粉2%、血粉2%、花生粕3.3%、过磷酸钙1%、食盐0.5%、芒硝0.5%、百日促长剂0.7%。

②玉米粉20%、稻谷20%、米糠10%、松针叶粉10%、干花生藤粉10%、米酒糟17.3%、羽毛粉2%、血粉2%、花生饼6%、过磷酸钙1%、食盐0.5%、芒硝0.5%、百日促长剂0.7%。

③稻谷30%、旱藕粉1%、橡子仁粉10%、松针粉15%、干红薯藤粉10%、豆腐渣12.3%(鲜)、花生饼8%、菜籽饼8%、血粉3%、过磷酸钙1%、食盐0.5%、芒硝0.5%、百日促长剂0.7%。

注:①所有配足100%后,即行发酵才喂猪。

②除配方中已配0.5%芒硝外,每天每头猪还喂芒硝10～25克,小猪少喂,大猪多喂。

③玉米秸粉先行发酵再拌其他饲料发酵。

附录 1　常用猪饲料成分及营养价值表

附表 1-1　饲料描述、常规成分及饲料营养价值(中国饲料数据库 2010 年第 21 版节选)

序号	饲料名称	饲料描述	饲料编号	干物质(%)	粗蛋白质(%)	粗脂肪(%)	粗纤维(%)	无氮浸出物(%)	粗灰分(%)	钙(%)	总磷(%)	有效磷(%)	消化能(MJ/kg)	代谢能(MJ/kg)
1	玉米	成熟,高蛋白质,优质	4-07-0278	86.0	9.4	3.1	1.2	71.1	1.2	0.09	0.22	0.09	14.39	13.57
2	玉米	成熟,GB/T 17890—1999 1 级	4-07-0279	86.0	8.7	3.6	1.6	70.7	1.4	0.02	0.27	0.11	14.27	13.43
3	玉米	成熟,GB/T 17890—1999 2 级	4-07-0280	86.0	7.8	3.5	1.6	71.8	1.3	0.02	0.27	0.11	14.18	13.39
4	高粱	成熟,NY/T1 级	4-07-0272	86.0	9.0	3.4	1.4	70.4	1.8	0.13	0.36	0.12	13.18	12.43
5	小麦	混合小麦,成熟,NY/T2 级	4-07-0270	87.0	13.9	1.7	1.9	67.6	1.9	0.17	0.41	0.13	14.18	13.22
6	大麦(裸)	裸大麦,成熟,NY/T2 级	4-07-0274	87.0	13.0	2.1	2.0	67.7	2.2	0.04	0.39	0.13	13.56	12.68

续表

序号	饲料名称	饲料描述	饲料编号	干物质(%)	粗蛋白质(%)	粗脂肪(%)	粗纤维(%)	无氮浸出物(%)	粗灰分(%)	钙(%)	总磷(%)	有效磷(%)	消化能(MJ/kg)	代谢能(MJ/kg)
7	大麦(皮)	皮大麦,成熟,NY/T1级	4-07-0277	87.0	11.0	1.7	4.8	67.1	2.4	0.09	0.33	0.12	12.64	11.84
8	黑麦	籽粒,进口	4-07-0281	88.0	11.0	1.5	2.2	71.5	1.8	0.05	0.30	0.11	13.85	12.97
9	稻谷	成熟,晒干,NY/T2级	4-07-0273	86.0	7.8	1.6	8.2	63.8	4.6	0.03	0.36	0.15	11.25	10.63
10	糙米	良,籽粒,成熟,除去外壳的整粒大米	4-07-0276	87.0	8.8	2.0	0.7	74.2	1.3	0.03	0.35	0.13	14.39	13.57
11	碎米	良,加工精米后的副产品	4-07-0275	88.0	10.4	2.2	1.1	72.7	1.6	0.06	0.35	0.12	15.06	14.14
12	粟(谷子)	合格,带壳,成熟	4-07-0479	86.5	9.7	2.3	6.8	65.0	2.7	0.12	0.30	0.09	12.93	12.18

续表

序号	饲料名称	饲料描述	饲料编号	干物质(%)	粗蛋白质(%)	粗脂肪(%)	粗纤维(%)	无氮浸出物(%)	粗灰分(%)	钙(%)	总磷(%)	有效磷(%)	消化能(MJ/kg)	代谢能(MJ/kg)
13	木薯干	木薯干片，晒干，NY/T合格	4-04-0067	87.0	2.5	0.7	2.5	79.4	1.9	0.27	0.09	—	13.10	12.43
14	甘薯干	木薯干片，晒干，NY/T合格	4-04-0068	87.0	4.0	0.8	2.8	76.4	3.0	0.19	0.02	—	11.80	11.21
15	次粉	NY/T1级，黑面、黄粉、下面	4-08-0104	88.0	15.4	2.2	1.5	67.1	1.5	0.08	0.48	0.15	13.68	12.72
16	次粉	黑面、黄粉、下面，NY/T2级	4-08-0105	87.0	13.6	2.1	2.8	66.7	1.8	0.08	0.48	0.15	13.43	12.51
17	小麦麸	传统制粉工艺，NY/T1级	4-08-0069	87.0	15.7	3.9	6.5	56.0	4.9	0.11	0.92	0.28	9.37	8.70
18	小麦麸	传统制粉工艺，NY/T2级	4-08-0070	87.0	14.3	4.0	6.8	57.1	4.8	0.10	0.93	0.28	9.33	8.66

续表

序号	饲料名称	饲料描述	饲料编号	干物质(%)	粗蛋白质(%)	粗脂肪(%)	粗纤维(%)	无氮浸出物(%)	粗灰分(%)	钙(%)	总磷(%)	有效磷(%)	消化能(MJ/kg)	代谢能(MJ/kg)
19	米糠	新鲜，不脱脂，NY/T2级	4-08-0041	87.0	12.8	16.5	5.7	44.5	7.5	0.07	1.43	0.20	12.64	11.80
20	米糠饼	未脱脂，机榨，NY/T1级	4-10-0025	88.0	14.7	9.0	7.4	48.2	8.7	0.14	1.69	0.24	12.51	11.63
21	米糠粕	浸提或预压浸提，NY/T1级	4-10-0018	87.0	15.1	2.0	7.5	53.6	8.8	0.15	1.82	0.25	11.55	10.75
22	大豆	黄大豆，成熟，NY/T2级	5-09-0127	87.0	35.5	17.3	4.3	25.7	4.2	0.27	0.48	0.14	16.61	14.77
23	大豆饼	机榨，NY/T2级	5-10-0241	89.0	41.8	5.8	4.8	30.7	5.9	0.31	0.50	0.17	14.39	12.59
24	大豆粕	去皮，浸提或预压浸提，NY/T1级	5-10-0103	89.0	47.9	1.5	3.3	29.7	4.9	0.34	0.65	0.22	15.06	13.01

续表

序号	饲料名称	饲料描述	饲料编号	干物质(%)	粗蛋白质(%)	粗脂肪(%)	粗纤维(%)	无氮浸出物(%)	粗灰分(%)	钙(%)	总磷(%)	有效磷(%)	消化能(MJ/kg)	代谢能(MJ/kg)
25	大豆粕	浸提或预压浸提，NY/T2级	5-10-0102	89.0	44.2	1.9	5.9	28.3	6.1	0.33	0.62	0.21	14.26	12.43
26	棉籽饼	机榨，NY/T2级	5-10-0118	88.0	36.3	7.4	12.5	26.1	5.7	0.21	0.83	0.28	9.92	8.79
27	棉籽粕	浸提或预压浸提，NY/T2级	5-10-0117	90.0	43.5	0.5	10.5	28.9	6.6	0.28	1.04	0.36	9.68	8.43
28	菜籽饼	机榨，NY/T2	5-10-0083	88.0	35.7	7.4	11.4	26.3	7.2	0.59	0.96	0.33	12.05	10.71
29	菜籽粕	浸提或预压浸提，NY/T2级	5-10-0121	88.0	38.6	1.4	11.8	28.9	7.3	0.65	1.02	0.35	10.59	9.33
30	花生仁饼	机榨，NY/T2级	5-10-0116	88.0	44.7	7.2	5.9	25.1	5.1	0.25	0.53	0.16	12.89	11.21
31	花生仁粕	浸提或预压浸提，NY/T2级	5-10-0115	88.0	47.8	1.4	6.2	27.2	5.4	0.27	0.56	0.17	12.43	10.71

续表

序号	饲料名称	饲料描述	饲料编号	干物质(%)	粗蛋白质(%)	粗脂肪(%)	粗纤维(%)	无氮浸出物(%)	粗灰分(%)	钙(%)	总磷(%)	有效磷(%)	消化能(MJ/kg)	代谢能(MJ/kg)
32	向日葵仁饼	壳仁比 35：65,NY/T3 级	1-10-0031	88.0	29.0	2.9	20.4	31.0	4.7	0.24	0.87	0.22	7.91	7.11
33	向日葵仁粕	壳仁比 16：84,NY/T2 级	5-10-0242	88.0	36.5	1.0	10.5	34.4	5.6	0.27	1.13	0.29	11.63	10.29
34	向日葵仁粕	壳仁比 24：76,NY/T2 级	5-10-0243	88.0	33.6	1.0	14.8	38.8	5.3	0.26	1.03	0.26	10.42	9.29
35	亚麻仁饼	机榨,NY/T2 级	5-10-0119	88.0	32.2	7.8	7.8	34.0	6.2	0.39	0.88	—	12.13	10.88
36	亚麻仁粕	浸提或预压浸提,NY/T2 级	5-10-0120	88.0	34.8	1.8	8.2	36.6	6.6	0.42	0.95	—	9.92	8.83

续表

序号	饲料名称	饲料描述	饲料编号	干物质(%)	粗蛋白质(%)	粗脂肪(%)	粗纤维(%)	无氮浸出物(%)	粗灰分(%)	钙(%)	总磷(%)	有效磷(%)	消化能(MJ/kg)	代谢能(MJ/kg)
37	芝麻饼	机榨 CP 40%	5-10-0246	92.0	39.2	10.3	7.2	24.9	10.4	2.24	1.19	0.22	13.39	11.80
38	玉米蛋白粉（CP 60%）	玉米去胚芽淀粉后的面筋部分	5-11-0001	90.1	63.5	5.4	1.0	19.2	1.0	0.07	0.44	0.16	15.06	12.55
39	玉米蛋白粉（CP 50%）	玉米去胚芽淀粉后的面筋部分，中等蛋白产品	5-11-0002	91.2	51.3	7.8	2.1	28.0	2.0	0.06	0.42	0.15	15.61	13.35
40	玉米蛋白粉 41（CP 40%）	玉米去胚芽淀粉后的面筋部分，中等蛋白产品	5-11-0008	89.9	44.3	6.0	1.6	37.1	0.9	0.15	0.70	0.17	15.02	13.10

续表

序号	饲料名称	饲料描述	饲料编号	干物质(%)	粗蛋白质(%)	粗脂肪(%)	粗纤维(%)	无氮浸出物(%)	粗灰分(%)	钙(%)	总磷(%)	有效磷(%)	消化能(MJ/kg)	代谢能(MJ/kg)
41	玉米蛋白饲料	玉米去胚芽去淀粉后的含皮残渣	5-11-0003	88.0	19.3	7.5	7.8	48.0	5.4	0.15	0.70	0.17	10.38	9.54
42	玉米胚芽饼	玉米湿磨后的胚芽，机榨	4-10-0026	90.0	16.7	9.6	6.3	50.8	6.6	0.04	0.50	0.15	14.69	13.60
43	玉米胚芽粕	玉米湿磨后的胚芽，浸提	5-10-0244	90.0	20.8	2.0	6.5	54.8	5.9	0.06	0.50	0.15	13.72	12.59
44	蚕豆粉浆蛋白粉	蚕豆去皮制粉丝后的浆液，脱水	5-11-0009	88.0	66.3	4.7	4.1	10.3	2.6	—	0.59	0.18	13.51	11.25
45	麦芽根	大麦芽副产品，干燥	5-11-0004	89.7	28.3	1.4	12.5	41.4	6.1	0.22	0.73	—	9.67	8.74

续表

序号	饲料名称	饲料描述	饲料编号	干物质(%)	粗蛋白质(%)	粗脂肪(%)	粗纤维(%)	无氮浸出物(%)	粗灰分(%)	钙(%)	总磷(%)	有效磷(%)	消化能(MJ/kg)	代谢能(MJ/kg)
46	鱼粉(CP 64.5%)	7样平均值	5-13-0044	90.0	64.5	5.6	0.5	8.0	11.4	3.81	2.83	2.83	13.18	10.92
47	鱼粉(CP 62.5%)	8样平均值	5-13-0045	90.0	62.5	4.0	0.5	10.0	12.3	3.96	3.05	3.05	12.97	10.79
48	鱼粉(CP 60.2%)	沿海产区的海鱼粉，脱脂，12样平均值	5-13-0046	90.0	60.2	4.9	0.5	11.6	12.8	4.04	2.90	2.90	12.55	10.54
49	鱼粉(CP 53.5%)	山东、浙江等小鱼脱脂，11样平均值	5-13-0077	90.0	53.5	10.0	0.8	4.9	20.8	5.88	3.20	3.20	12.93	11.00

续表

序号	饲料名称	饲料描述	饲料编号	干物质(%)	粗蛋白质(%)	粗脂肪(%)	粗纤维(%)	无氮浸出物(%)	粗灰分(%)	钙(%)	总磷(%)	有效磷(%)	消化能(MJ/kg)	代谢能(MJ/kg)
50	血粉	鲜猪血,喷雾干燥	5-13-0036	88.0	82.8	0.4	0.0	1.6	3.2	0.29	0.31	0.31	11.42	9.04
51	羽毛粉	纯净羽毛,水解	5-13-0037	88.0	77.9	2.2	0.7	1.4	5.8	0.20	0.68	0.68	11.59	9.29
52	皮革粉	废牛皮,水解	5-13-0038	88.0	74.7	0.8	1.6	0	10.9	4.40	0.15	0.15	11.51	9.33
53	肉骨粉	屠宰下脚,带骨干燥粉碎	5-13-0047	93.0	50.0	8.5	2.8	0	31.7	9.20	4.70	4.70	11.84	10.17
54	苜蓿草粉(CP 19%)	盛花期烘干,NY/T1级	1-05-0074	87.0	19.1	2.3	22.7	35.3	7.6	1.40	0.51	0.51	6.95	6.40
55	苜蓿草粉(CP 17%)	盛花期烘干,NY/T2级	1-05-0075	87.0	17.2	2.6	25.6	33.3	8.3	1.52	0.22	0.22	6.11	5.65

续表

序号	饲料名称	饲料描述	饲料编号	干物质(%)	粗蛋白质(%)	粗脂肪(%)	粗纤维(%)	无氮浸出物(%)	粗灰分(%)	钙(%)	总磷(%)	有效磷(%)	消化能(MJ/kg)	代谢能(MJ/kg)
56	苜蓿草粉(CP 14%～15%)	NY/T3 级	1-05-0076	87.0	14.3	2.1	29.8	33.8	10.1	1.34	0.19	0.19	6.23	5.82
57	啤酒糟	大麦酿造副产品	5-11-0005	88.0	24.3	5.3	13.4	40.8	4.2	0.32	0.42	0.14	9.41	8.58
58	啤酒酵母	啤酒酵母菌粉,QB/T 1940—94	7-15-0001	91.7	52.4	0.4	0.6	33.6	4.7	0.16	1.02	0.46	14.81	12.64
59	乳清粉	乳清,脱水,低乳糖含量	4-13-0075	94.0	12.0	0.7	0.0	71.6	9.7	0.87	0.79	0.79	14.39	13.47
60	葡萄糖	食用	4-06-0078	90.0	0.3	0.0	0.0	89.7	0.0	0.0	0.0	0.0	14.06	13.47

续表

序号	饲料名称	饲料描述	饲料编号	干物质(%)	粗蛋白质(%)	粗脂肪(%)	粗纤维(%)	无氮浸出物(%)	粗灰分(%)	钙(%)	总磷(%)	有效磷(%)	消化能(MJ/kg)	代谢能(MJ/kg)
61	蔗糖	食用	4-06-0079	99.0	0.0	0.0	0.0	98.5	0.5	0.04	0.01	0.01	15.90	15.27
62	玉米淀粉	食用	4-06-0078	99.0	0.3	0.2	0.0	98.5	0.0	0.0	0.03	0.01	16.74	16.07
63	牛脂		4-17-0001	99.0	0.0	98.0	0.0	0.5	0.5	0.0	0.0	0.0	33.47	32.13
64	猪油		4-17-0002	99.0	0.0	98.0	0.0	0.5	0.5	0.0	0.0	0.0	34.69	33.30
65	家禽脂肪		4-17-0003	99.0	0.0	98.0	0.0	0.5	0.5	0.0	0.0	0.0	35.65	34.23
66	菜籽油		4-17-0005	99.0	0.0	98.0	0.0	0.5	0.5	0.0	0.0	0.0	36.65	35.19
67	棉籽油		4-17-0008	99.0	0.0	98.0	0.0	0.5	0.5	0.0	0.0	0.0	35.98	34.43
68	大豆油		4-17-0012	99.0	0.0	98.0	0.0	0.5	0.5	0.0	0.0	0.0	36.61	35.15

附表 1-2　饲料氨基酸含量(中国饲料数据库 2010 年第 21 版节选)

序号	饲料名称	饲料编号	干物质(%)	粗蛋白质(%)	精氨酸(%)	组氨酸(%)	异亮氨酸(%)	亮氨酸(%)	赖氨酸(%)	蛋氨酸(%)	胱氨酸(%)	苯丙氨酸(%)	酪氨酸(%)	苏氨酸(%)	色氨酸(%)	缬氨酸(%)
1	玉米	4-07-0278	86.0	9.4	0.380	0.23	0.26	1.03	0.26	0.19	0.22	0.43	0.34	0.31	0.08	0.40
2	玉米	4-07-0279	86.0	8.7	0.39	0.21	0.25	0.93	0.24	0.18	0.20	0.41	0.33	0.30	0.07	0.38
3	玉米	4-07-0280	86.0	7.8	0.37	0.20	0.24	0.93	0.23	0.15	0.15	0.38	0.31	0.29	0.06	0.35
4	高粱	4-07-0272	86.0	9.0	0.33	0.18	0.35	1.08	0.18	0.18	0.12	0.45	0.32	0.26	0.08	0.44
5	小麦	4-07-0270	87.0	13.9	0.58	0.27	0.44	0.80	0.30	0.25	0.24	0.58	0.37	0.33	0.15	0.56
6	大麦(裸)	4-07-0274	87.0	13.0	0.64	0.16	0.43	0.87	0.44	0.14	0.25	0.68	0.40	0.43	0.16	0.63
7	大麦(皮)	4-07-0277	87.0	11.0	0.65	0.24	0.52	0.91	0.42	0.18	0.18	0.59	0.35	0.41	0.12	0.64
8	黑麦	4-07-0281	88.0	11.0	0.50	0.25	0.40	0.64	0.37	0.16	0.25	0.49	0.26	0.34	0.12	0.52
9	稻谷	4-07-0273	86.0	7.8	0.57	0.15	0.32	0.58	0.29	0.19	0.16	0.40	0.37	0.25	0.10	0.47
10	糙米	4-07-0276	87.0	8.8	0.65	0.17	0.30	0.61	0.32	0.20	0.14	0.35	0.31	0.28	0.12	0.49
11	碎米	4-07-0275	88.0	10.4	0.78	0.27	0.39	0.74	0.42	0.22	0.17	0.49	0.39	0.38	0.12	0.57
12	粟(谷子)	4-07-0479	86.5	9.7	0.30	0.20	0.36	1.17	0.15	0.25	0.20	0.49	0.26	0.35	0.17	0.42

续表

序号	饲料名称	饲料编号	干物质(%)	粗蛋白质(%)	精氨酸(%)	组氨酸(%)	异亮氨酸(%)	亮氨酸(%)	赖氨酸(%)	蛋氨酸(%)	胱氨酸(%)	苯丙氨酸(%)	酪氨酸(%)	苏氨酸(%)	色氨酸(%)	缬氨酸(%)
13	木薯干	4-04-0067	87.0	2.5	0.40	0.05	0.11	0.15	0.13	0.05	0.04	0.10	0.04	0.10	0.03	0.13
14	甘薯干	4-04-0068	87.0	4.0	0.16	0.08	0.17	0.26	0.16	0.06	0.08	0.19	0.13	0.18	0.05	0.27
15	次粉	4-08-0104	88.0	15.4	0.86	0.41	0.55	1.06	0.59	0.23	0.37	0.66	0.46	0.50	0.21	0.72
16	次粉	4-08-0105	87.0	13.6	0.85	0.33	0.48	0.98	0.52	0.16	0.33	0.63	0.45	0.50	0.18	0.68
17	小麦麸	4-08-0069	87.0	15.7	0.97	0.39	0.46	0.81	0.58	0.13	0.26	0.58	0.28	0.43	0.20	0.63
18	小麦麸	4-08-0070	87.0	14.3	0.88	0.35	0.42	0.74	0.53	0.12	0.24	0.53	0.25	0.39	0.18	0.57
19	米糠	4-08-0041	87.0	12.8	1.06	0.39	0.63	1.00	0.74	0.25	0.19	0.63	0.50	0.48	0.14	0.81
20	米糠饼	4-10-0025	88.0	14.7	1.19	0.43	0.72	1.06	0.66	0.26	0.30	0.76	0.51	0.53	0.15	0.99
21	米糠粕	4-10-0018	87.0	15.1	1.28	0.46	0.78	1.30	0.72	0.28	0.32	0.82	0.55	0.57	0.17	1.07
22	大豆	5-09-0127	87.0	35.5	2.57	0.59	1.28	2.72	2.20	0.56	0.70	1.42	0.64	1.41	0.45	1.50
23	大豆饼	5-10-0241	89.0	41.8	2.53	1.10	1.57	2.75	2.43	0.60	0.62	1.79	1.53	1.44	0.64	1.70
24	大豆粕	5-10-0103	89.0	47.9	3.43	1.22	2.10	3.57	2.99	0.68	0.73	2.33	1.57	1.85	0.65	2.26

续表

序号	饲料名称	饲料编号	干物质(%)	粗蛋白质(%)	精氨酸(%)	组氨酸(%)	异亮氨酸(%)	亮氨酸(%)	赖氨酸(%)	蛋氨酸(%)	胱氨酸(%)	苯丙氨酸(%)	酪氨酸(%)	苏氨酸(%)	色氨酸(%)	缬氨酸(%)
25	大豆粕	5-10-0102	89.0	44.2	3.38	1.17	1.99	3.35	2.68	0.59	0.65	2.21	1.47	1.71	0.57	2.09
26	棉籽饼	5-10-0118	88.0	36.3	3.94	0.90	1.16	2.07	1.40	0.41	0.70	1.88	0.95	1.14	0.39	1.51
27	棉籽粕	5-10-0117	90.0	43.5	4.65	1.19	1.29	2.47	1.97	0.58	0.68	2.28	1.05	1.25	0.51	1.91
28	菜籽饼	5-10-0083	88.0	35.7	1.82	0.83	1.24	2.26	1.33	0.60	0.82	1.35	0.92	1.40	0.42	1.62
29	菜籽粕	5-10-0121	88.0	38.6	1.83	0.86	1.29	2.34	1.30	0.63	0.87	1.45	0.97	1.49	0.43	1.74
30	花生仁饼	5-10-0116	88.0	44.7	4.60	0.83	1.18	2.36	1.32	0.39	0.38	1.81	1.31	1.05	0.42	1.28
31	花生仁粕	5-10-0115	88.0	47.8	4.88	0.88	1.25	2.50	1.40	0.41	0.40	1.92	1.39	1.11	0.45	1.36
32	向日葵仁饼	1-10-0031	88.0	29.0	2.44	0.62	1.19	1.76	0.96	0.59	0.43	1.21	0.77	0.98	0.28	1.35
33	向日葵仁粕	5-10-0242	88.0	36.5	3.17	0.81	1.51	2.25	1.22	0.72	0.62	1.56	0.99	1.25	0.47	1.72
34	向日葵仁粕	5-10-0243	88.0	33.6	2.89	0.74	1.39	2.07	1.13	0.69	0.50	1.43	0.91	1.14	0.37	1.58
35	亚麻仁饼	5-10-0119	88.0	32.2	2.35	0.51	1.15	1.62	0.73	1.46	0.48	1.32	0.50	1.00	0.48	1.44
36	亚麻仁粕	5-10-0120	88.0	34.8	3.59	0.64	1.33	1.85	1.16	0.55	0.55	1.51	0.93	1.10	0.70	1.51

续表

序号	饲料名称	饲料编号	干物质(%)	粗蛋白质(%)	精氨酸(%)	组氨酸(%)	异亮氨酸(%)	亮氨酸(%)	赖氨酸(%)	蛋氨酸(%)	胱氨酸(%)	苯丙氨酸(%)	酪氨酸(%)	苏氨酸(%)	色氨酸(%)	缬氨酸(%)
37	芝麻饼	5-10-0246	92.0	39.2	2.38	0.81	1.42	2.52	0.82	0.82	0.75	1.68	1.02	1.29	0.49	1.84
38	玉米蛋白粉（CP 60%）	5-11-0001	90.1	63.5	1.90	1.18	2.85	11.59	0.97	1.42	0.96	4.10	3.19	2.08	0.36	2.98
39	玉米蛋白粉（CP 50%）	5-11-0002	91.2	51.3	1.48	0.89	1.75	7.87	0.92	1.14	0.76	2.83	2.25	1.59	0.31	2.05
40	玉米蛋白粉（CP 40%）	5-11-0008	89.9	44.3	1.31	0.78	1.63	7.08	0.71	1.04	0.65	2.61	2.03	1.38		1.84
41	玉米蛋白饲料	5-11-0003	88.0	19.3	0.77	0.56	0.62	1.82	0.63	0.29	0.33	0.70	0.50	0.68	0.14	0.93
42	玉米胚芽饼	4-10-0026	90.0	16.7	1.16	0.45	0.53	1.25	0.70	0.31	0.47	0.64	0.54	0.64	0.16	0.91
43	玉米胚芽粕	5-10-0244	90.0	20.8	1.51	0.62	0.77	1.54	0.75	0.21	0.28	0.93	0.66	0.68	0.18	1.66

续表

序号	饲料名称	饲料编号	干物质(%)	粗蛋白质(%)	精氨酸(%)	组氨酸(%)	异亮氨酸(%)	亮氨酸(%)	赖氨酸(%)	蛋氨酸(%)	胱氨酸(%)	苯丙氨酸(%)	酪氨酸(%)	苏氨酸(%)	色氨酸(%)	缬氨酸(%)
44	蚕豆粉浆蛋白粉	5-11-0009	88.0	66.3	5.96	1.66	2.90	5.88	4.44	0.60	0.57	3.34	2.21	2.31		3.20
45	麦芽根	5-11-0004	89.7	28.3	1.22	0.54	1.08	1.58	1.30	0.37	0.26	0.85	0.67	0.96	0.42	1.44
46	鱼粉(CP 64.5%)	5-13-0044	90.0	64.5	3.91	1.75	2.68	4.99	5.22	1.71	0.58	2.71	2.13	2.87	0.78	3.25
47	鱼粉(CP 62.5%)	5-13-0045	90.0	62.5	3.86	1.83	2.79	5.06	5.12	1.66	0.55	2.67	2.01	2.78	0.75	3.14
48	鱼粉(CP 60.2%)	5-13-0046	90.0	60.2	3.57	1.71	2.68	4.80	4.72	4.64	0.52	2.35	1.96	2.57	0.70	3.17
49	鱼粉(CP 53.5%)	5-13-0077	90.0	53.5	3.24	1.29	2.30	4.30	3.87	1.39	0.49	2.22	1.70	2.51	0.60	2.77
50	血粉	5-13-0036	88.0	82.8	2.99	4.40	0.75	8.38	6.67	0.74	0.98	5.23	2.55	2.86	1.11	6.08
51	羽毛粉	5-13-0037	88.0	77.9	5.30	0.58	4.21	6.78	1.65	0.59	2.93	3.57	1.79	3.51	0.40	6.05
52	皮革粉	5-13-0038	88.0	74.7	4.45	0.40	1.06	3.20	2.60	0.67	0.33	1.70	1.26	1.63	0.26	2.25

续表

序号	饲料名称	饲料编号	干物质(%)	粗蛋白质(%)	精氨酸(%)	组氨酸(%)	异亮氨酸(%)	亮氨酸(%)	赖氨酸(%)	蛋氨酸(%)	胱氨酸(%)	苯丙氨酸(%)	酪氨酸(%)	苏氨酸(%)	色氨酸(%)	缬氨酸(%)
53	肉骨粉	5-13-0047	93.0	50.0	3.35	0.96	1.70	3.84	3.07	0.80	0.60	2.17	1.40	1.97	0.35	2.66
54	苜蓿草粉（CP 19%）	1-05-0074	87.0	19.1	0.78	0.39	0.68	1.20	0.82	0.21	0.22	0.82	0.58	0.74	0.43	0.91
55	苜蓿草粉（CP 17%）	1-05-0075	87.0	17.2	0.74	0.32	0.66	1.10	0.81	0.20	0.16	0.81	0.54	0.69	0.37	0.85
56	苜蓿草粉（CP 14%～15%）	1-05-0076	87.0	14.3	0.61	0.19	0.58	1.00	0.60	0.18	0.15	0.59	0.38	0.45	0.24	0.58
57	啤酒糟	5-11-0005	88.0	24.3	0.98	0.51	1.18	1.08	0.72	0.52	0.35	2.35	1.17	0.81	0.28	1.66
58	啤酒酵母	7-15-0001	91.7	52.4	2.67	1.11	2.85	4.76	3.38	0.83	0.50	4.07	0.12	2.33	0.21	3.40
59	乳清粉	4-13-0075	94.0	12.0	0.40	0.20	0.90	1.20	1.10	0.20	0.30	0.40	0.21	0.80	0.20	0.70

附表 1-3　常用矿物质饲料中矿物元素的含量(中国饲料数据库 2010 年第 21 版节选)

序号	饲料名称	饲料编号	化学分子式	钙(%)	磷(%)	磷利用率(%)	钠(%)	氯(%)	钾(%)	镁(%)	硫(%)	铁(%)	锰(%)
1	碳酸钙，饲料级轻质	4-14-0001	$CaCO_3$	38.42	0.02		0.08	0.02	0.08	1.610	0.08	0.06	0.02
2	磷酸氢钙，无水	4-14-0002	$CaHPO_4$	29.60	22.77	95～100	0.18	0.47	0.15	0.800	0.80	0.79	0.14
3	磷酸氢钙，2个结晶水	4-14-0003	$CaHPO_4 \cdot 2H_2O$	23.29	18.00	95～100							
4	磷酸二氢钙	4-14-0004	$Ca(H_2PO_4)_2H_2O$	15.90	24.58	100	0.20		0.16	0.900	0.80	0.75	0.01
5	磷酸三钙(磷酸钙)	4-14-0005	$Ca_3(PO_4)_2$	38.76	20.0								
6	石粉、石灰石、方解石等	4-14-0006		35.84	0.01		0.06	0.02	0.11	2.060	0.04	0.35	0.02

续表

序号	饲料名称	饲料编号	化学分子式	钙(%)	磷(%)	磷利用率(%)	钠(%)	氯(%)	钾(%)	镁(%)	硫(%)	铁(%)	锰(%)
7	骨粉,脱脂	4-14-0007		29.80	12.50	80～90	0.04		0.20	0.300	2.40		0.03
8	贝壳粉	4-14-0008		32～35									
9	蛋壳粉	4-14-0009		30～40	0.1～0.4								
10	碳酸钠	4-14-0010	Na_2CO_3				43.30						
11	碳酸氢钠	4-14-0011	$NaHCO_3$				27.00		0.01				
12	氯化钠	4-14-0012	NaCl				39.50	59.00		0.005	0.20	0.01	

附录2　瘦肉型生长肥育猪饲养标准

附表 2-1　瘦肉型生长肥育猪每千克饲粮养分含量(自由采食,88%干物质)[a]

项目	体重(kg)				
	3～8	8～20	20～35	35～60	60～90
平均体重(kg)	5.5	14.0	27.5	47.5	75.0
日增重(kg/d)	0.24	0.44	0.61	0.69	0.80
采食量(kg/d)	0.30	0.74	1.43	1.90	2.50
饲料/增重	1.25	1.59	2.34	2.75	3.13
饲粮消化能含量[MJ/kg (kal/kg)]	14.02 (3350)	13.60 (3250)	13.39 (3320)	13.39 (3200)	13.39 (3200)
饲粮代谢能含量[MJ/kg (kal/kg)[b]]	13.46 (3215)	13.06 (3120)	12.86 (3070)	12.86 (3070)	12.86 (3070)
粗蛋白质(%)	21.0	19.0	17.8	16.4	14.5
能量蛋白比[kJ/% (kal/kg)]	668 (160)	716 (170)	752 (180)	817 (195)	923 (220)
赖氨酸能量比[g/MJ (g/Mcal)]	1.01 (4.24)	0.85 (3.56)	0.68 (2.83)	0.61 (2.56)	0.53 (2.19)
氨基酸[c](%)					
赖氨酸	1.42	1.16	0.90	0.82	0.70
蛋氨酸	0.40	0.30	0.24	0.22	0.19
蛋氨酸+胱氨酸	0.81	0.66	0.51	0.48	0.40
苏氨酸	0.94	0.75	0.58	0.56	0.48
色氨酸	0.27	0.21	0.16	0.15	0.13
异亮氨酸	0.79	0.64	0.48	0.46	0.39
亮氨酸	1.42	1.13	0.85	0.78	0.63

续表

项目	体重(kg)				
	3～8	8～20	20～35	35～60	60～90
精氨酸	0.56	0.46	0.35	0.30	0.21
缬氨酸	0.98	0.80	0.61	0.57	0.47
组氨酸	0.45	0.36	0.28	0.26	0.21
苯丙氨酸	0.85	0.69	0.52	0.48	0.40
苯丙氨酸＋酪氨酸	1.33	1.07	0.82	0.77	0.64
矿物元素[d](%,或每千克饲粮含量)					
钙(%)	0.88	0.74	0.62	0.55	0.49
总磷(%)	0.74	0.58	0.53	0.48	0.43
非植酸磷(%)	0.54	0.36	0.25	0.20	0.17
钠(%)	0.25	0.15	0.12	0.10	0.10
氯(%)	0.25	0.15	0.10	0.09	0.08
镁(%)	0.04	0.04	0.04	0.04	0.04
钾(%)	0.30	0.26	0.24	0.21	0.18
铜(mg/kg)	6.00	6.00	4.50	4.00	3.50
碘(mg/kg)	0.14	0.14	0.14	0.14	0.14
铁(mg/kg)	105	105	70	60	50
锰(mg/kg)	4.00	4.00	3.00	2.00	2.00
硒(mg/kg)	0.30	0.30	0.30	0.25	0.25
锌(mg/kg)	110	110	70	60	50
维生素和脂肪酸[e](%,或每千克饲粮含量)					
维生素 A (IU/kg)	2200	1800	1500	1400	1300
维生素 D_3(IU/kg)	220	200	170	160	150

续表

项目	体重(kg)				
	3～8	8～20	20～35	35～60	60～90
维生素 E (IU/kg)	16	11	11	11	11
维生素 K (mg/kg)	0.50	0.50	0.50	0.50	0.50
硫胺素(mg/kg)	1.50	1.00	1.00	1.00	1.00
核黄素(mg/kg)	4.00	3.50	2.50	2.00	2.00
泛酸(mg/kg)	12.00	10.00	8.00	7.50	7.00
烟酸(mg/kg)	20.00	15.00	10.00	8.50	7.50
吡哆醇(mg/kg)	2.00	1.5	1.00	1.00	1.00
生物素(mg/kg)	0.08	0.05	0.05	0.05	0.05
叶酸(mg/kg)	0.30	0.30	0.30	0.30	0.30
维生素 B_{12} (μg/kg)	20.00	17.50	11.00	8.00	6.00
胆碱(g/kg)	0.60	0.50	0.35	0.30	0.30
亚油酸(%)	0.10	0.10	0.10	0.10	0.10

注：摘自 2004 年农业部颁布的“猪的饲养标准”。

a. 瘦肉率高于 56%的公母混养猪群(阉公猪和青年母猪各一半)。

b. 假定代谢能为消化能的 96%。

c. 3～20kg 猪的赖氨酸的百分比是根据试验和经验数据的估测值，其他氨基酸需要量是根据其与赖氨酸的比例(理想蛋白质)的估测值；20～90kg 猪的赖氨酸需要量是结合生长模型、试验数据和经验数据的估测值，其他氨基酸需要量是根据其与赖氨酸的比例(理想蛋白质)的估测值。

d. 矿物质需要量包括饲料原料中提供的矿物质量。

e. 维生素需要量包括饲料原料中提供的维生素量。

附表 2-2 瘦肉型生长肥猪每天每头养分需要量(自由采食 88%干物质)[a]

项目	体重/kg				
	3～8	8～20	20～35	35～60	60～90
平均体重(kg)	5.5	14.0	27.5	47.5	75.0
日增重(kg/d)	0.24	0.44	0.61	0.69	0.80
采食量(kg/d)	0.30	0.74	1.43	1.90	2.50
饲料/增重(F/G)	1.25	1.59	2.34	2.75	3.13
饲粮消化能摄入量[MJ(Mcal)]	4.21 (1005)	10.06 (2405)	19.15 (4575)	25.44 (6080)	33.48 (8000)
饲粮代谢能摄入量/[MJ(Mcal)[b]]	4.04 (965)	9.66 (2310)	18.39 (4390)	24.43 (5835)	32.15 (7675)
粗蛋白质(g)	63	141	255	312	363
氨基酸[c](g/d)					
赖氨酸	4.3	8.6	12.9	15.6	17.5
蛋氨酸	1.2	2.2	3.4	4.2	4.8
蛋氨酸+胱氨酸	2.4	4.9	7.3	9.1	10.0
苏氨酸	2.8	5.6	8.3	10.6	12.0
色氨酸	0.8	1.6	2.3	2.9	3.3
异亮氨酸	2.4	4.7	6.7	8.7	9.8
亮氨酸	4.3	8.4	12.2	14.8	15.8
精氨酸	1.7	3.4	5.0	5.7	5.5
缬氨酸	2.9	5.9	8.7	10.8	11.8
组氨酸	1.4	2.7	4.0	4.9	5.5
苯丙氨酸	2.6	5.1	7.4	9.1	10.0
苯丙氨酸+酪氨酸	4.0	7.9	11.7	14.6	16.0

续表

项目	体重/kg				
	3～8	8～20	20～35	35～60	60～90
每日矿物质需要量[d]					
钙(g)	2.64	5.48	8.87	10.45	12.25
总磷(g)	2.22	4.29	7.58	9.12	10.75
非植酸磷(g)	1.62	2.66	3.58	3.80	4.25
钠(g)	0.75	1.11	1.72	1.90	2.50
氯(g)	0.75	1.11	1.43	1.71	2.00
镁(g)	0.12	0.30	0.57	0.76	1.00
钾(g)	0.90	1.92	3.43	3.99	4.50
铜(g)	1.80	4.44	6.44	7.60	8.75
碘(mg)	0.04	0.10	0.20	0.27	0.35
铁(mg)	31.50	77.70	100.10	114.00	125.00
锰(mg)	1.20	2.96	4.29	3.80	5.00
硒(mg)	0.09	0.22	0.43	0.48	0.63
锌(mg)	33.00	81.40	100.10	114.00	125.00
每日维生素和脂肪酸需要量[e]					
维生素 A (IU)	660	1330	2145	2660	3250
维生素 D_3 (IU)	66	148	243	304	375
维生素 E (IU)	5	8.5	16	21	28
维生素 K (mg)	0.15	0.37	0.72	0.95	1.25
硫胺素(mg)	0.45	0.74	1.43	1.90	2.50
核黄素(mg)	1.20	2.59	3.58	3.80	5.00
泛酸(mg)	3.60	7.40	11.44	14.25	17.50

续表

项目	体重/kg				
	3～8	8～20	20～35	35～60	60～90
每日维生素和脂肪酸需要量[e]					
烟酸(mg)	6.00	11.10	14.30	16.15	18.75
吡哆醇(mg)	0.60	1.11	1.43	1.90	2.50
生物素(mg)	0.02	0.04	0.07	0.10	0.13
叶酸(mg)	0.09	0.22	0.43	0.57	0.75
维生素 B_{12}(μg)	6.00	12.95	15.73	15.20	15.00
胆碱(g)	0.18	0.37	0.50	0.57	0.75
亚油酸(g)	0.30	0.74	1.43	1.90	2.50

注:摘自 2004 年农业部颁布的“猪的饲养标准”。

a. 瘦肉率高于 56%的公母混养猪群(阉公猪和青年母猪各一半)。

b. 假定代谢能为消化能的 96%。

c. 3～20kg 猪的赖氨酸的百分比是根据试验和经验数据的估测值,其他氨基酸需要量是根据其与赖氨酸的比例(理想蛋白质)的估测值;20～90kg 猪的赖氨酸需要量是结合生长模型、试验数据和经验数据的估测值,其他氨基酸需要量是根据其与赖氨酸的比例(理想蛋白质)的估测值。

d. 矿物质需要量包括饲料原料中提供的矿物质量。

e. 维生素需要量包括饲料原料中提供的维生素量。

附录3　种猪饲养标准

附表3-1　妊娠母猪每千克饲粮养分含量(自由采食,88%干物质)[a]

项目	妊娠前期			妊娠后期		
配种体重(kg)	120～150	120～180	>180	120～150	120～180	>180
预期窝产仔数(头)	10	11	11	10	11	11
采食量(kg/d)	2.10	2.10	2.00	2.60	2.80	3.00
饲粮消化能含量(MJ/kg)	12.75	12.35	12.15	12.75	12.55	12.55
饲粮代谢能含量(MJ/kg)[b]	12.25	11.85	11.65	12.25	12.05	12.05
粗蛋白质(%)	13.0	12.0	12.0	14.0	13.0	12.0
能量蛋白比(kJ/%)	981	1029	1013	911	965	1045
赖氨酸能量比(g/MJ)	0.42	0.40	0.38	0.42	0.41	0.038
氨基酸[c](%)						
赖氨酸	0.53	0.49	0.46	0.53	0.51	0.48
蛋氨酸	0.14	0.13	0.12	0.14	0.13	0.12
蛋氨酸+胱氨酸	0.34	0.32	0.31	0.34	0.33	0.32
苏氨酸	0.40	0.39	0.37	0.40	0.40	0.38
色氨酸	0.10	0.09	0.09	0.10	0.09	0.09
异亮氨酸	0.29	0.28	0.26	0.29	0.29	0.27
亮氨酸	0.45	0.41	0.37	0.45	0.42	0.38
精氨酸	0.06	0.02	—	0.06	0.02	—
缬氨酸	0.35	0.32	0.30	0.35	0.33	0.31
组氨酸	0.17	0.16	0.15	0.17	0.17	0.16

续表

项目	妊娠前期			妊娠后期		
配种体重(kg)[b]	120～150	120～180	>180	120～150	120～180	>180
苯丙氨酸	0.29	0.27	0.25	0.29	0.28	0.26
苯丙氨酸＋酪氨酸	0.49	0.45	0.43	0.49	0.47	0.44

矿物元素[d](%,或每千克饲粮含量)

钙(%)	0.68	镁(%)	0.04	锰(mg/kg)	18.0
总磷(%)	0.54	钾(%)	0.18	硒(mg/kg)	0.14
非植酸磷(%)	0.32	铜(mg/kg)	5.0	锌(mg/kg)	45.0
钠(%)	0.14	碘(mg/kg)	0.13		
氯(%)	0.11	铁(mg/kg)	75.0		

维生素和脂肪酸[e](%,或每千克饲粮含量)

维生素 A (IU/kg)	3620	核黄素(mg/kg)	3.40	叶酸(mg/kg)	1.20
维生素 D_3 (IU/kg)	180	泛酸(mg/kg)	11	维生素 B_{12} (μg/kg)	14
维生素 E (IU/kg)	40	烟酸(mg/kg)	9.05	胆碱(g/kg)	1.15
维生素 K (mg/kg)	0.50	吡哆醇(mg/kg)	0.90	亚油酸(%)	0.10
硫胺素(mg/kg)	0.90	生物素(mg/kg)	0.19		

注:摘自2004年农业部颁布的“猪的饲养标准”。

a. 由于国内缺乏哺乳母猪的试验数据,消化能、氨基酸是根据国外一些企业的经验数据和NRC (1998)泌乳模型得到的。

b. 假定代谢能约为消化能的96%。

c. 以玉米-豆粕型日粮为基础确定的。

d. 矿物质需要量包括饲料原料中提供的矿物质量。

e. 维生素需要量包括饲料原料中提供的维生素量。

附表 3-2　配种公猪每千克饲粮和每日每头养分需要量

(自由采食,88%干物质)[a]

项目	含量	项目	含量
饲粮消化能含量(MJ/kg)	12.95	采食量(kg/d)[d]	2.2
饲粮代谢能含量(MJ/kg)[b]	12.45	粗蛋白质(%)[c]	13.50
饲粮消化能摄入量(MJ/kg)	21.70	能量蛋白比(kJ/%)	959
饲粮代谢能摄入量(MJ/kg)	20.85	赖氨酸能量比(g/MJ)	0.42

氨基酸

项目	饲粮中含量(%)	每日需要量(g)
赖氨酸	0.55	12.1
蛋氨酸	0.15	3.3
蛋氨酸+胱氨酸	0.38	8.4
苏氨酸	0.46	10.1
色氨酸	0.11	2.4
异亮氨酸	0.32	7.0
亮氨酸	0.47	10.3
精氨酸	—	—
缬氨酸	0.36	7.9
组氨酸	0.17	3.7
苯丙氨酸	0.30	6.6
苯丙氨酸+酪氨酸	0.52	11.4

矿物元素[e]

项目	饲粮中含量(%,或每千克饲粮含量)	每日需要量(g 或 mg)
钙	0.70%	15.4g
总磷	0.55%	12.1g

续表

项目	饲粮中含量(%,或每千克饲粮含量)	每日需要量(g或mg)
有效磷	0.32%	7.0g
钠	0.14%	3.08g
氯	0.11%	2.42g
镁	0.04%	0.88g
钾	0.20%	4.40g
铜	5mg	11.0mg
碘	0.15mg	0.33mg
铁	80mg	176.00mg
锰	20mg	44.00mg
硒	0.15mg	0.33mg
锌	75mg	165mg

维生素和脂肪酸[f]

项目	饲粮中含量(%,或每千克饲粮含量)	每日需要量(g或mg)
维生素A[g](IU)	4000	8800
维生素D_3[h](IU)	220	485
维生素E[i](IU)	45	100
维生素K(mg)	0.50	1.10
硫胺素(mg)	1.0	2.20
核黄素(mg)	3.5	7.70
泛酸(mg)	12	26.4
烟酸(mg)	10	22
吡哆醇(mg)	1.0	2.20
生物素(mg)	0.20	0.44

续表

项目	饲粮中含量(%,或每千克饲粮含量)	每日需要量(g 或 mg)
维生素和脂肪酸[f]		
叶酸(mg)	1.30	2.86
维生素 B_{12}(μg)	15	33
胆碱(g)	1.25	2.75
亚油酸	0.1%	2.2g

注:摘自 2004 年农业部颁布的“猪的饲养标准”。

a. 需要量的制定以每日采食 2.2kg 饲粮为基础,采食时根据公猪的体重和期望的增重进行调整。

b. 假定代谢能为消化能的 96%。

c. 以玉米-豆粕型日粮为基础确定的。

d. 配种前一个月采食量增加 20%~30%,冬季严寒期采食量增加 10%~20%。

e. 矿物质需要量包括饲料原料中提供的矿物质量。

f. 维生素需要量包括饲料原料中提供的维生素量。

g. 1IU 维生素 A=0.344μg 维生素 A 醋酸酯。

h. 1IU 维生素 D=0.025μg 胆钙化醇。

i. 1IU 维生素 E=0.67mg/d-α-生育酚或 1mg/dL-α-生育酚醋酸酯。

附录 4　猪的日粮配方例

附表 4-1　仔猪人工乳配方

项目＼编号	1	2	3
牛乳(毫升)	1000	1000	1000
全脂乳粉(克)	50	100	200
葡萄糖(克)	20	20	40
鸡蛋(枚)	1	1	1
矿物质溶液(毫升)	5	5	5
维生素溶液(毫升)	5	5	5
其中含有:			
干物质(%)	19.6	23.4	24.65
总能(兆焦)	4.48	5.65	5.23
消化能(兆焦)	4.017	4.77	5.19
粗蛋白质(克/升)	56	62.6	62.3

注:适用于初生至 10 日龄的仔猪。配方中除鸡蛋、矿物质、维生素溶液外,用蒸汽高温煮沸消毒,冷凉后加入前述营养物质。

附表 4-2　仔猪日粮配方之一(适用于 10～20 千克体重)　单位:%

项目＼编号	1	2	3	4	5
玉米	54.4	55.1	57.8	57.4	57.4
豆粕	28.6	26.5	23.4	25	23.7
麸皮	13.3	10.7	7.1	9.9	8.2

续表

项目＼编号	1	2	3	4	5
菜籽饼		4.0	4.0		4.0
花生饼			4.0	4.0	3.0
石粉	1.0	1.0	1.0	1.0	1.0
氢钙	1.4	1.4	1.4	1.4	1.4
食盐	0.3	0.3	0.3	0.3	0.3
预混料	1.0	1.0	1.0	1.0	1.0
合计	100	100	100	100	100
营养水平					
消化能(兆焦/千克)	13.18	13.22	13.1	12.26	1.05
粗蛋白	18.71	18.87	18.44	18.77	18.46

附表 4-3　仔猪日粮配方之二　　单位:%

项目＼体重(千克)	1～5	5～10		10～20		
全脂乳粉	20.0	20.0		13.5		
脱脂乳粉			10.0			
玉米粉	15.3	11.0	43.5	13.0	54.2	59.5
小麦粉	28.2	20.0		22.0		
高粱粉		9.0	10.0	10.0	7.8	6.2
小麦麸			5.0		6.0	5.0
豆饼粉	22.0	18.0	20.0	20.0	21.0	23.7
鱼粉	8.0	12.0	7.0	12.0	8.3	3.3

续表

体重(千克) 项目	1～5	5～10		10～20		
酵母粉	4.0	4.0	2.0	4.0		
白糖		3.5		3.5		
碳酸钙	1.0	1.5	0.1	1.5	0.3	0.45
磷酸钙						0.65
食盐			0.4		0.3	0.4
淀粉酶	1.0	0.2				
胃蛋白酶		0.3				
胰蛋白酶	0.5					
微量元素添加剂			1.0		1.0	
维生素添加剂			1.0			
矿-维混合		0.5		0.5		0.76
混合料干物质	91.90	93.12	90.10	95.14	89.23	88.9
营养水平						
消化能(兆焦/千克)	15.27	15.56	13.6	15.56	13.51	13.72
粗蛋白	25.2	26.3	22.0	27.1	20.2	18.0

附表 4-4 仔猪日粮配方之三(仔猪断乳日粮配方) 单位:%

仔猪日龄 项目	5～44	45～59	5～59	60～75
玉米	20.0	20.0	22.0	32.0
高粱	13.0	13.0	20.0	15.0
小米	18.0	16.0		

续表

项目＼仔猪日龄	5～44	45～59	5～59	60～75
麸皮	4.4	4.4	15.0	15.0
米糠		5.0	5.0	10.0
豆饼	20.0	20.0	35.0	25.0
炒大豆粉	5.0	5.0		
酵母粉	11.0	11.0		
砂糖	3.0			
鱼粉	4.0	4.0		
骨粉	1.0	1.0	1.0	1.0
贝粉	0.6	0.6	1.0	1.0
食盐	另加	另加	1.0	1.0
营养水平				
消化能（兆焦/千克）	13.93	14.31	13.51	13.47
粗蛋白	18.4	18.8	15.5	13.2

附表 4-5　生长猪日粮配方(适用于 20～50 千克生长猪)　单位:%

项目＼编号	1	2	3	4	5
玉米	51.7	49.2	49.6	50.7	51.7
豆粕	19.0	16.6	13.4	15.0	14.9
麸皮	25.0	25.0	25.0	25.0	25.0
菜籽饼		5.0	4.0		
花生饼			4.0	5.0	

续表

编号 项目	1	2	3	4	5
棉籽饼					4.0
石粉	1.8	1.8	1.7	1.9	2.0
氢钙	1.2	1.1	1.1	1.1	1.1
食盐	0.3	0.3	0.3	0.3	0.3
预混料	1.0	1.0	1.0	1.0	1.0
合计	100	100	100	100	100
营养水平					
消化能(兆焦/千克)	12.47	12.34	12.13	12.13	12.26
粗蛋白	16.01	16.48	15.95	15.66	15.87

附表 4-6　肥育猪日粮配方(适用于体重 50～100 千克的肥育猪)　单位:%

编号 项目	1	2	3	4	5
玉米	65.0	66.0	67.0	64.0	63.0
豆粕	11.3	7.4	2.5	8.4	4.2
麸皮	16.3	13.2	15.1	14.2	17.4
鱼粉			2.0		2.0
菜籽饼		6.0	5.0		5.0
棉籽饼	3.0	3.0	4.0	4.0	4.0
石粉	2.0	2.0	2.0	2.0	2.0
氢钙	1.1	1.1	1.1	1.1	1.1
食盐	0.3	0.3	0.3	0.3	0.3

续表

项目＼编号	1	2	3	4	5
预混料	1.0	1.0	1.0	1.0	1.0
合计	100	100	100	100	100
营养水平					
消化能(兆焦/千克)	12.72	12.59	12.72	12.64	12.59
粗蛋白	13.82	13.71	13.2	14.31	13.92

附表 4-7　妊娠母猪日粮配方　　单位:%

项目＼编号	1	2	3	4	5
玉米	54.6	52	49.5	54	53.1
豆粕	11.4	8.1	8.6	4.4	8.7
麸皮	30.0	30.0	30.0	30.0	30.0
鱼粉				2.0	
菜籽饼		6.0	5.0	6.0	4.2
花生饼			3.0		
石粉	1.3	1.3	1.4	1.3	1.4
氢钙	1.4	1.3	1.2	1.0	1.3
食盐	0.3	0.3	0.3	0.3	0.3
预混料	1.0	1.0	1.0	1.0	1.0
合计	100	100	100	100	100
营养水平					

续表

项目＼编号	1	2	3	4	5
消化能(兆焦/千克)	12.22	12.05	12.05	12.05	12.18
粗蛋白	13.69	14.7	14.7	13.6	14.0

附表 4-8　哺乳母猪日粮配方　单位:%

项目＼编号	1	2	3	4	5
玉米	60.5	61.6	63.7	62.3	63.3
豆粕	16.3	13.2	11.4	9.2	8.1
麸皮	19.2	15.3	11.0	16.9	13.0
鱼粉				2.0	2.0
菜籽饼		6.0	6.0	6.0	6.0
花生饼			4.0		4.0
石粉	1.2	1.1	1.1	1.1	1.1
氢钙	1.5	1.5	1.5	1.2	1.2
食盐	0.3	0.3	0.3	0.3	0.3
预混料	1.0	1.0	1.0	1.0	1.0
合计	100	100	100	100	100
营养水平					
消化能(兆焦/千克)	12.76	12.85	12.87	12.76	12.89
粗蛋白	14.7	15.05	15.3	14.6	15.2

附录5 猪常见病的鉴别诊断

附表5-1 猪常见发热疾病的鉴别诊断

区分	临床表现＼病类	猪瘟	非典型猪瘟	伪狂犬病	流感	乙型脑炎	沙门菌病	败血性链球菌病	弓形虫病	猪丹毒	猪肺疫	传染性胸膜肺炎	猪痢疾	肺炎	胃肠炎	产褥热	中暑	蓝耳病	附红细胞体病
热型	高热							√		√	√	√		√			√		
	中热	√		√	√	√			√				√			√		√	√
	高热		√				√								√				
日龄	大				√	√				√		√				√	√	√	
	中	√	√		√			√	√	√	√	√	√	√	√				√
	小	√	√	√			√	√											√
皮肤	出血点	√					√		√										√
	疹块									√									
	淤血		√	√				√			√	√		√		√		√	
	无变化				√	√							√		√		√		
运动	喜卧		√		√	√	√	√		√	√	√	√	√	√	√	√	√	√
	失调	√		√					√										
食欲	废绝	√		√				√	√	√	√				√	√	√		
	减少		√		√	√	√					√	√	√				√	√
病情	急性																		
	慢性																		
发病率	高	√			√	√			√				√					√	
	低		√	√			√	√		√	√	√		√	√	√	√		√

续表

病类 / 临床表现 / 区分		猪瘟	非典型猪瘟	伪狂犬病	流感	乙型脑炎	沙门菌病	败血性链球菌病	弓形虫病	猪丹毒	猪肺疫	传染性胸膜肺炎	猪痢疾	肺炎	胃肠炎	产褥热	中暑	蓝耳病	附红细胞体病
病死率	高	√	√	√					√		√	√						√	√
	低				√	√	√	√		√			√	√	√	√	√		
呼吸	急促	√	√	√	√		√	√	√		√	√		√			√	√	√
	正常					√				√			√		√	√			
粪便	干	√				√		√		√	√	√				√	√		
	稀	√	√						√	√			√		√				√
	正常		√	√	√		√							√				√	√
疗效	较好				√	√	√	√	√	√	√		√	√	√	√	√		√
	无效	√	√	√								√						√	

附表5-2　猪常见腹泻性疾病的鉴别诊断

病类 / 临床表现 / 区分		仔猪红痢	仔猪黄痢	轮状病毒染	仔猪白痢	传染性胃肠炎	流行性腹泻	球虫病	沙门氏菌病	猪瘟	猪丹毒	猪痢疾	伪狂犬病	链球菌病	胃肠炎	蓝耳病	衣原体病
日龄	大					√	√			√					√		
	中					√	√		√	√	√	√		√	√		
	小	√	√	√	√	√	√	√					√	√	√	√	√
季节	冬季			√		√	√										√
	四季	√	√		√			√	√	√	√	√	√	√	√	√	

续表

临床表现	区分 \ 病类	仔猪红痢	仔猪黄痢	轮状病毒染	仔猪白痢	传染性胃肠炎	流行性腹泻	球虫病	沙门氏菌病	猪瘟	猪丹毒	猪痢疾	伪狂犬病	链球菌病	胃肠炎	蓝耳病	衣原体病
体温	发热								√	√	√	√	√	√	√	√	√
	正常	√	√	√	√	√	√	√									
传播	散发	√	√		√			√	√		√		√	√	√		√
	流行			√		√	√			√		√				√	
病情	急性	√	√			√	√			√	√	√	√	√		√	√
	慢性			√	√			√	√						√		
粪便	黄色		√														
	白色				√												
	带血	√						√				√		√			
	黏液								√	√	√		√	√	√	√	√
	水泻			√		√	√	√							√	√	
发病率	高		√	√	√	√	√			√						√	√
	低	√						√	√		√	√	√	√	√		
病死率	高	√							√	√			√	√		√	
	低		√	√	√	√	√	√			√	√			√		√
疗效	较好		√	√	√	√	√	√	√		√	√		√	√		√
	无效	√								√			√			√	
神经症状	有									√			√	√			
	无	√	√	√	√	√	√	√	√	√		√	√		√	√	√

附表 5-3　猪呼吸困难疾病的鉴别诊断

区分	临床表现＼病类	猪瘟	沙门氏菌病	流感	猪肺疫	气喘病	胸膜肺炎	萎缩性鼻炎	蓝耳病	肺炎	蛔虫病	中暑	中毒症	圆环病毒病	衣原体病
体温	高热	√	√	√	√		√			√		√		√	√
	正常					√		√	√		√		√		
呼吸	急促			√	√				√	√		√	√		√
	困难	√	√				√				√			√	
病情	急性	√		√	√		√			√		√	√	√	√
	慢性	√	√			√		√	√		√				
食欲	减少	√	√		√				√			√	√	√	√
	正常			√		√	√	√		√	√				
咳嗽	有			√		√	√	√		√	√			√	√
	无	√	√		√				√			√	√		
粪便	腹泻	√	√						√				√		√
	正常			√	√	√	√	√		√	√	√		√	
发病率	高	√		√		√			√					√	
	低		√		√		√	√		√	√	√	√		√
病死率	高	√	√		√		√					√	√	√	√
	低			√		√		√	√	√	√				
日龄	大			√	√		√					√			
	小		√					√	√	√	√			√	√
	不限	√				√							√		
疫苗	有	√	√		√	√		√							√
	无			√			√		√	√	√	√	√	√	

续表

临床表现区分 \ 病类		猪瘟	沙门氏菌病	流感	猪肺疫	气喘病	胸膜肺炎	萎缩性鼻炎	蓝耳病	肺炎	蛔虫病	中暑	中毒症	圆环病毒病	衣原体病
疗效	较好			√	√					√	√	√			√
	较差	√	√			√	√	√	√				√	√	

附表 5-4　猪常见神经症状病的鉴别诊断

临床表现区分 \ 病类		仔猪先天性肌痉挛	仔猪低血糖症	伪狂犬病	猪水肿病	猪瘟	猪链球菌病	李氏杆菌病	弓形虫病	风湿症	中暑	生产瘫痪	硒缺乏症	衣原体病
体温	高			√		√	√	√	√		√			√
	正常	√	√		√					√		√	√	
日龄	成年						√	√	√	√	√	√		
	仔猪	√	√	√	√	√	√	√	√				√	√
神经症状	共济失调	√			√	√	√	√	√	√				√
	转圈			√									√	√
	沉郁		√								√			
	瘫痪											√	√	
病情	急性	√	√	√	√		√		√	√	√			√
	慢性					√		√				√	√	

续表

区分	临床表现 \ 病类	仔猪先天性肌痉挛	仔猪低血糖症	伪狂犬病	猪水肿病	猪瘟	猪链球菌病	李氏杆菌病	弓形虫病	风湿症	中暑	生产瘫痪	硒缺乏症	衣原体病
病因	感染	√		√	√	√	√	√	√					√
	代谢病		√									√	√	
	其他									√	√			
发病率	较高			√	√	√	√	√	√					√
	低	√	√							√	√	√	√	
病死率	高	√		√	√	√		√						
	较低		√				√		√	√	√	√	√	√
疗效	较好		√				√		√	√	√	√	√	√
	无效	√		√	√	√		√						
粪便	腹泻			√		√	√		√					
	正常	√	√		√			√		√	√	√	√	√

附表 5-5　猪常见繁殖障碍病的鉴别诊断

区分	临床表现 \ 病类	乙型脑炎	细小病毒感染	伪狂犬病	蓝耳病	猪瘟	布氏杆菌病	流行性感冒	弓形虫病	发热	高温环境	物理性创伤	舍内有害气体	中毒(敌百虫)	附红细胞体病	衣原体病
胎次	首胎	√	√		√		√									√
	不定			√		√		√	√	√	√	√	√	√	√	

续表

临床表现 区分	病类	乙型脑炎	细小病毒感染	伪狂犬病	蓝耳病	猪瘟	布氏杆菌病	流行性感冒	弓形虫病	发热	高温环境	物理性创伤	舍内有害气体	中毒(敌百虫)	附红细胞体病	衣原体病
病情	急性				√	√		√	√	√	√	√	√	√	√	√
	慢性	√	√	√			√									
症状	全身					√		√	√	√				√	√	
	局部	√	√	√	√		√				√	√	√			√
季节	冬季												√			
	夏季	√									√				√	
	全年		√	√	√	√	√	√	√	√		√		√		√
流行	散发	√	√	√			√		√			√		√	√	√
	群发				√	√		√		√	√		√			
期病原	细菌						√			√						√
	病毒	√	√	√	√	√		√		√						
	寄生虫								√						√	
	其他										√	√	√	√		
流产期	早期						√									
	后期	√										√	√			
	不定		√	√	√	√	√	√		√	√			√	√	√
胎儿病变	流产						√		√			√				√
	死胎	√	√							√	√				√	√
	不定			√	√	√							√	√		

参 考 文 献

[1] 王锐,林辰,张二光,等. 养猪小窍门100例[M]. 北京:农村读物出版社,1991

[2] 郭传甲. 现代养猪[M]. 北京:中国农业科技出版社,1992

[3] 亢霞生,刘子权. 快速养猪200问[M]. 南昌:江西科学技术出版社,1993

[4] 邹福材,万秋英. 现代养猪实用技术[M]. 南昌:江西科学技术出版社,1993

[5] 赵凤翔,傅耀荣. 养猪新法[M]. 北京:中国农业出版社,1995

[6] 本书编写组. 实用养猪大全[M]. 郑州:河南科学技术出版社,1996

[7] 孙守本. 猪病防治技巧[M]. 济南:山东科学技术出版社,1996

[8] 苏振环等. 肥育猪科学饲养技术[M]. 北京:金盾出版社,1998

[9] 计伦. 猪病诊治与验方集粹[M]. 北京:中国农业科技出版社,1998

[10] 赵旭庭,杨士章,张鸿,等. 实用快速养猪200问[M]. 北京:中国农业出版社,1999

[11] 席克奇,张书杰,张桂荣. 家庭科学养猪[M]. 北京:中国农业出版社,2009

[12] 刘红林,吕艳丽. 现代养猪大全[M]. 北京:中国农业出版社,2001

[13] 席克奇,卢明,王立辛,等. 家庭养猪疑难问答. 第三版[M]. 北京:科学技术文献出版社,2012

[14] 梁忠纪. 百日出栏养猪法[M]. 北京:科学技术文献出版社,2004

内 容 简 介

在养猪生产中，断奶仔猪饲养100天左右就达到出栏标准，并做到每养一头猪赚150元以上，这一先进的饲养秘诀、育肥技术即为“百日出栏养猪法”，且这一技术正在向全国推广。

《百日出栏养猪新法》全面阐述了杂种优势的利用、饲粮的构成及计算方法、育肥全期的饲养管理与技术诀窍、养猪常见病的防治技术等。全书既突出了实用性、通俗性、可操作性，又有一定的学术探讨价值。

本书既可供广大养猪户阅读使用，也可作为畜牧兽医专业师生、技术人员和养猪场生产人员的参考资料。